Bila-Isia Willy Inogwabini

La grande aventure de la science: traditions, métiers et éthique

Bila-Isia Willy Inogwabini

La grande aventure de la science: traditions, métiers et éthique

Éditions Croix du Salut

Imprint

Cover image: www.ingimage.com

Publisher:
Éditions Croix du Salut
is a trademark of
Dodo Books Indian Ocean Ltd. and OmniScriptum S.R.L publishing group

120 High Road, East Finchley, London, N2 9ED, United Kingdom
Str. Armeneasca 28/1, office 1, Chisinau MD-2012, Republic of Moldova, Europe
Managing Directors: Ieva Konstantinova, Victoria Ursu
info@omniscriptum.com

Printed at: see last page
ISBN: 978-3-330-31650-8

La grande aventure de la science: traditions, métiers et éthique.

Bila-Isia W. Inogwabini

Introduction

Ce livre a pour objectif de présenter la science dans son entendement actuel et comme profession. Il veut parler d'une manière pédagogique aux jeunes, particulièrement africains, intéressés à la recherche scientifique de ce qu'est la science autant dans ces fondements épistémologiques que dans sa pratique. Le livre se propose, en second lieu, d'insérer la pratique de la recherche dans un cadre plus large du travail humain et de la vocation de ceux qui l'embrassent. Enfin, l'objectif de ce texte est aussi de parler des questions de l'éthique relatives à l'exercice du métier de la recherche scientifique. Cette introduction parle du le livre dans son ensemble; elle sert de tableau synoptique du contenu (points touchés par chaque chapitre) et des interactions entre différentes parties du livre. En tant qu'un sommaire du livre, l'introduction essaie de montrer clairement mais de manière succincte ce qui est dans le livre et aborde quelques points qui auraient pu faire partie du livre mais ne le sont pas en donnant les raisons ayant milité à l'insertion de certains points et l'exclusion d'autres. Le livre est fait de quatre chapitres de longueurs inégales mais d'importance égale. Ainsi, pour comprendre le message essentiel de ce livre la lecture de son entièreté est conseillée. Avant de présenter de manière brève chaque chapitre, ces quelques remarques s'imposent. Premièrement, ce livre est, à dessein, écrit dans un langage beaucoup moins académique que plusieurs livres ayant paru avec les mêmes ambitions. Ce choix fut fait dans le but de ne pas compliquer d'avantage les relations entre le public, particulièrement la jeunesse, et la science. En effet, les publics, dans leurs majorités, semblent souvent terrorisés par le jargon scientifique au point qu'au lieu que les scientifiques créent de l'émulation parmi les membres de leurs sociétés, ils sont soit pris pour un monde à part ou ils simplement suscitent la peur dans le chef de ceux qui auraient pu, autrement, les suivre. Le langage jouant un rôle important dans la communication, il n'est pas aberrant de conjecturer que le manque de plus en plus amplifiant des vocations scientifiques est aussi, dans une certaine mesure, l'échec de la communication scientifique. Ainsi, il a été fait un effort pour que les notions, même les plus complexes, soient rendues de manière plus simplifiée et attrayante. La seconde remarque est qu'ayant pris cette option de simplifier la communication, il est fait un effort colossal de ne pas bourrer le livre des citations des savants et autres travaux antérieurs. Ceci n'est pas pour dire que ce livre ne doit rien aux autres auteurs: il leur est redevable dans plusieurs formes et dans son fond. Là où la chose le demande, les citations et références sont données mais dans l'ensemble le livre s'alimente de la connaissance générale. Devenue telle, toute connaissance générale passe dans le domaine public et devrait être utilisée sans qu'il y ait trop de contraintes. Qui plus est, le style quasiment parlé de ce livre laisse peu de place à boursouffler le discours de notations et références qui sont si souvent nécessaires et essentielles pour des études plus construites et érudites. La troisième remarque importante est que la science telle qu'elle est présentée dans cet ouvrage couvre tous les domaines sur lesquels l'esprit humain se questionne. La science, dans cet entendement, est la faculté de l'être humain à essayer d'apporter les réponses à ces questionnements de l'esprit. Il n'est pas, et à dessein, question de séparer les sciences dites naturelles et les sciences humaines et sociales. Les deux branches de la science font, au total, partie intégrante de l'aventure humaine et donne la mesure de ce que l'esprit humain est capable d'atteindre.

Des quatre chapitres de ce livre, on trouve ce qui suit. Le chapitre premier traite des fondements épistémologiques de la recherche scientifique. Ce chapitre, loin d'être une quête épistémologique au sens pur du mot, explore les objectifs poursuivi par l'enseignement de la recherche scientifique aux étudiants. Dans cette optique, le chapitre commence par donner les caractéristiques essentielles de la recherche scientifique. Je pose dans ce chapitre que la science c'est un tout et concerne les institutions, les chercheurs, les découvertes ainsi que les applications de la science à la vie de l'homme. De là, le chapitre aborde certaines questions traditionnelles du rapport entre le savoir et comment on connait que l'on connait: c'est tout simplement de l'épistémologie. Ici, le chapitre expose de manière assez simplifiée les questions de falsification de Karl Popper. Le deuxième chapitre, en définissant la notion de fiabilité comme la résistance des résultats scientifiques par rapport à l'usure du temps, aborde plusieurs processus menant à des résultats probants. Le second chapitre parle de la recherche scientifique comme partie intégrante du travail humain. Ici, la recherche scientifique se définit en partant de la définition de l'histoire telle qu'elle est offerte par Emmanuel Kant. D'après Emmanuel Kant, l'histoire est la marque de la rationalité dans la nature. Ceci peut se justifier dans le sens que lorsqu'on voit les édifices s'élever ou les routes s'ouvrir, etc. on pense immédiatement à l'action de l'homme, seul être doté d'une rationalité exhibée. Ainsi, la recherche scientifique peut se comprendre comme étant partie du travail d'ennoblissement de la condition de l'homme. Cet ennoblissement n'est pas seulement matériel mais aussi culturel, moral et spirituel. Sur cette base, le chapitre parle du travail en général et la contribution de la science dans ce processus d'ennoblissement humain. Le chapitre parle aussi, en particulier, du rôle que les scientifiques Africains auraient pu jouer pour le bien-être collectif des Africains en Afrique et finit par identifier les blocages épistémologiques qui empêchent l'émergence d'une science libératrice pour ce continent. Le troisième chapitre a pour objet l'éthique et la recherche scientifique. Il aborde les questions relatives aux comportements attendus des femmes et des hommes travaillant dans la recherche scientifique. Il passe en revue la place de l'homme, celle des animaux et celle de l'environnement dans la recherche scientifique et comment les chercheurs devraient se conduire. Ce chapitre introduit la question de plagiat avant de rappeler certains fondements éthiques. Le chapitre finit par l'importante notion de de responsabilité sociale et environnementale du chercheur. Ce chapitre trois, s'appuyant sur le cas de Martin Heidegger et son engagement public, qui culmine en 11 Novembre 1933 à Leipzig, lorsqu'il fait sa profession de foi au mouvement d'Adolf Hitler de national-socialisme, revient sur les implications dans l'histoire de la notoriété et la notabilité que la profession scientifique offre aux scientifiques. Le chapitre affirme l'exigence de toujours tenir le jugement de l'histoire en tête lorsqu'on a l'envergure qui peut conduire les générations entières vers des cataclysmes. Le quatrième et dernier chapitre traite des vertus épistémiques. Il est le point de chute du livre et s'offre aussi comme une conclusion de la ballade intellectuelle précédente. Il fait un appel aux vertus épistémiques (curiosité, persévérance, honnêteté intellectuelle, attention soutenue, l'ouverture d'esprit, le courage intellectuel et la modestie) pour rendre le travail de la recherche encore plus ennoblissant pour l'humanité. Particulièrement, le chapitre quatre insiste sur la modestie comme caractéristique essentielle de tout vrai scientifique. Le chapitre justifie la modestie scientifique par le fait qu'elle soit dictée par la reconnaissance de l'immensité de la nature et de la raison. En effet, la nature et la raison sont tellement immenses que nous n'en avons en notre possession que de trop infimes parties pour nous en rendre orgueilleux. Cette immensité de l'immanence de la nature extérieure à l'homme s'impose et devrait commander une conduite de moins en moins pompeuse et de plus en plus respectueuse de l'environnement et de l'autre comme condition sine qua non au progrès intégral de notre nature comme humanité.

Ce qui manque dans ce livre? C'est certainement de nombreuses et d'importantes choses sur la recherche scientifique. En effet, si on avait voulu produire un livre sur les méthodes scientifiques à proprement parler, ce livre aurait été autre. Il contiendrait les procédures de base de l'échantillonnage, les tests statistiques pour accepter ou rejeter les hypothèses, la triangulation des données, les procédures de rédaction scientifique, etc. Mais toutes ces importantes parties furent, pour me répéter, laisser à dessein. Ceci à cause de deux raisons majeures: la première est qu'il existe une foisonnante multiplicité de livres et d'experts qui traitent de manière plus éloquente ces sujets au point qu'en rajouter un serait probablement pas utile en ce moment et pour l'objectif que je me suis assigné. La deuxième raison, et la plus fondamentale, est exactement dans l'objectif de ce livre. Il n'est pas un livre sur la méthodologie et les méthodes de recherche scientifique à proprement parler. C'est un méta-exercice sur le fond de la science en tant qu'entreprise de l'esprit humain. Dans ce sens, introduire les notions techniques comme celles indiquées ci-haut aurait eu l'effet de ne pas rendre aux arguments présentés ici leur splendeur quintessentielle.

Il serait ingrat de finir cette introduction sans remercier les gens qui ont aidé, de loin ou de près, à la production de cet ouvrage. D'abord j'aimerais remercier tous mes anciens amis du Corps de la Paix des Etats-Unis d'Amérique au Zaïre (aujourd'hui, République Démocratique du Congo (RDC)). C'est chez eux que j'ai appris les rudiments et le goût de la science. Sans être exhaustif, je pense ici à Todd Schafer, Enid Irwin-Madaras et Aaron Zee. C'est aussi à travers l'un des anciens volontaires du Corps de la Paix, Dr. Jefferson S. Hall, que j'ai commencé ma carrière scientifique dans les forêts de l'Est de la RDC (alors Zaïre). Du côté académique, Professeur Kevin Bishop, Vice-Chancelier de l'Université Suédoise des Sciences Agricoles n'a jamais cessé de porter aide, conseils et surtout une stimulation académique de très haut niveau qui m'a toujours poussé à regarder le monde autrement. Ce livre fait partie des discussions avec certains collègues et certains étudiants. Je pense ici aux étudiants de Master de l'Université Loyola du Congo (ULC) qui ont suivi le cours sur les méthodes de recherche quantitatives dont les premiers jours sont consacrés essentiellement à une sorte de 'brainstorming' autour de la question de comment faire la science, particulièrement en Afrique. Qu'ils soient remerciés pour le questionnement constant dont ils ont fait montre pendant de longues heures d'enseignement. Mon espoir est qu'au moins l'un d'entre eux deviendra un grand scientifique un jour et qu'il (elle) se souviendrait de ces discussions autour de la science et le développement de l'Afrique. Le professeur Ghislain Tshikendwa, Père Jésuite et Doyen de Faculté des Sciences Agrovétérinaire de m'a apporté un soutien moral constant pendant l'élaboration des matériels repris dans ce livre. Avec lui, nous discutons longuement de ce qu'il faut faire pour transformer l'enseignement en RDC et en Afrique. C'est l'idée qui a présidé à la création du Centre de Recherche et de Communication pour le Développement Durable (CERED) que nous animons en deux, lui en tant que coordonnateur et moi-même comme directeur scientifique.

Mon ancien Professeur de biométrie à l'Université de Kent, Professeur Richard A. Griffiths me réserve toujours un accueil bienveillant chaque fois que je passe par Canterbury. C'est grâce à son appui que je continue à bénéficier de l'usage de la grande bibliothèque en ligne de cette université. Ceci me permet d'être à la page par rapport au développement des sciences, qui avance avec une vitesse quasi-supersonique de nos jours. L'élargissement de mes perspectives sur la science et ma propre ouverture d'esprit, en général, viennent de l'influence que le Professeur Jan Vansina de l'Université de Wisconsin à Madison a sur ma vie professionnelle dans son versant académique. En effet, le lien que j'entretiens avec lui depuis 1994 - 195 est resté source d'enrichissement académique personnel. Finalement, ce livre fut produit à la demande de Madame Natalia Cojocar des Editions Croix du Salut. J'ai eu le plaisir de travailler avec elle pendant la conception et la rédaction du livre. Elle a été, à la fin de compte, la personne qui a fait que ce livre prenne son format et son fond actuels. Les erreurs et les déclarations restent totalement miennes mais le succès, dans une large part, lui revient.

Chapitre 1
Fondements épistémologiques de la recherche scientifique

Ce chapitre, loin d'être de la philosophie pure, explore les objectifs poursuivis par l'enseignement de la recherche scientifique que nous donnons aux étudiants. Le chapitre commence par donner les caractéristiques essentielles de la recherche scientifique. Je pose, dans ce chapitre, que la science c'est un tout et concerne les institutions, les chercheurs, les découvertes ainsi que les applications de la science à la vie de l'homme. De ce point de vue, la science est une œuvre humaine bien qu'elle soit complexe dans sa nature. Ce chapitre aborde, donc, la science dans un entendement plus large que l'excentrisme souvent observé autour de l'équation entre la science et ses branches dites naturelles. Mais tout en gardant cette large ouverture des perspectives pour comprendre la science, le chapitre revient en arrière et pose certaines questions traditionnelles du rapport entre le savoir et comment on connait que l'on connait. C'est ce qu'on appelle le jargon de la philosophie l'épistémologie. Ici, le chapitre expose de manière assez simplifiée les questions de falsification de Karl Popper. Ce qui a du nouveau dans ce chapitre c'est la manière de définir la notion de fiabilité. La fiabilité y est comprise comme la résistance des résultats scientifiques par rapport à l'usure du temps. Ainsi, si la fiabilité est au cœur de la falsifiabilité, les chercheurs seront tout le temps mis à l'épreuve par la capacité de leurs travaux à survire vis-à-vis des assauts des hypothèses concurrentes. Le chapitre fait ainsi écho à la tradition scientifique multimillénaire consistant à discuter des processus menant à des résultats probants. Ces processus étant multiples et évolutifs, le chapitre n'a pu en épingler que les plus grandes lignes de pensée et en discuter sommairement les orientations actuelles. Le but essentiel de ce chapitre, comme celui du livre, étant de donner le gout de la recherche aux jeunes. Ainsi, les orientations du livre sont illustrées de manière assez vibrante.

Qu'est-ce que faire la science?

Pour bien cerner la notion de la science, il apparait important de se faire une idée sur pourquoi on donne l'enseignement des sciences aux étudiants. En grandes lignes, enseigner la science aux étudiants, c'est tout simplement susciter la vocation scientifique parmi celles et ceux d'entre eux qui en sentiraient l'appel. Le mot appel doit être entendu ici dans sa conception en tant que mission. Mission d'accomplir quelque chose de bon pour l'humanité et la terre. Bref, l'enseignement des sciences a pour but d'initier les étudiants à prendre gout pour faire de la recherche scientifique leur métier. Mais, il faut tout de suite dire, aussi, que comme métier, faire de la recherche scientifique a des exigences tant professionnelles qu'éthiques qui lui sont propres. Les questions relatives à la recherche scientifique comme profession sont abordées au chapitre 2 de ce livre tandis que celles relatives à l'éthique font partie du chapitre 3.

Mais, limiter l'enseignement des sciences seulement à susciter les vocations serait tout aussi réducteur que peu utile. Car il faut que les vocations suscitées soient amenées à s'exercer afin qu'elles puissent porter des fruits et puissent satisfaire les besoins de l'humanité. Nous ne faisons pas la science sans nous exercer concrètement dans le métier scientifique. Ainsi, une seconde manière de définir l'enseignement des sciences est de dire qu'on devrait amener les participants à l'enseignement des sciences à s'exercer et se familiariser au processus mental susceptible de les amener à poser bonnes questions scientifiques et à utiliser convenablement les données disponibles pour répondre, le cas échéant, à ces questions.

Avec ces deux objectifs de l'enseignement des sciences, on peut maintenant parler de la science elle-même. On peut définir la science de plusieurs manières et en prenant plusieurs points de départ. Partant de ses attributs palpables, on peut dire que la science est faite à la fois des hommes, des institutions, des découvertes ainsi que des objets matériels et technologiques. En effet, lorsque l'on parle de la science, il vient à l'esprit des gens directement les noms de ceux qui ont fait et font parler de la science telle que perçue dans l'imaginaire collectif des hommes. Ainsi, les figures comme celles de Galilée Galileo, d'Isaac Newton, d'Albert Einstein, de Richard Feynman et tant d'autres figures populaires de la science font presqu'un seul et même corps avec la notion même de la science.

Au même titre que ces figures de proue scientifiques, lorsqu'on parle de la science, on pense aussi immédiatement aux institutions scientifiques desquelles sortent tout ce que nous connaissons de la science. Nul doute que les célébrissimes institutions académiques comme Berkeley, Cambridge, Harvard, Massachussetts Institute of Technology (MIT), Oxford, Stanford, Sorbonne, etc. font appel l'imagine que l'homme se fait du monde scientifique. Ces institutions nous parlent aujourd'hui non seulement d'éminents cerveaux qui y étaient locataires mais aussi des traditions millénaires d'un métier parfois ingrat qui s'y effectue depuis de longs siècles. Naturellement, citer ces institutions ne veut en rien réduire la valeur d'autres universités et institutions de recherche mais c'est seulement indiquer que même les institutions académiques plus jeunes s'inspirent de la même tradition académique et bâtissent leurs réputations sur un socle traditionnel fait des conventions et des règles transmises de ces vieux édifices quasi-monastiques.

Laconiquement dit, la science c'est aussi une tradition dans ses pratiques tout comme dans ses apparences même si, comme nous l'avons vu plus haut et le verrons plus bas, la science reste fondamentalement une perpétuelle remise en question.

La science c'est aussi, pour le public tout comme pour les scientifiques eux-mêmes, les résultats qui sortent des laboratoires et autres lieux de recherche. On sait quelle est la fascination qu'exerce sur le public la fameuse formule d'Einstein $E = mc^2$. Même si la signification profonde de cette équation serait peu compréhensible de la plupart d'entre nous, elle fait actuellement partie du discours ambiant et on la voit sur les habits, elle fait partie des films, etc. On pourrait aussi dire autant de l'impression quasi-magnétique que les hommes perçoivent quand ils voient, par exemple, la fusée lancée vers l'espace. En effet, en regardant l'image de l'homme sur la lune, on a un sentiment contrasté en cette action humaine. Elle est à la fois projection de la grandeur de l'être humain pour ceux qui l'observe d'ici-bas. Cette avancée majeure de l'aventure humaine confère aussi, et surtout pour les astronautes, plutôt l'impression d'un sentiment du caractère infinitésimal et fragile de l'homme, comme l'écrit Mons (2004). On perçoit le même magnétisme se distiller dans les masses populaires quand on leur parle des prouesses de génie comme les opérations des cœurs qui sauvent la vie des gens ou toute autre grande réalisation scientifique. En condensé, on peut dire que la science se fait connaitre aussi par sa beauté imprescriptible, comme dans le cas l'attrait des formulations comme $E = mc^2$ ou autres élégantes formulations mathématiques; elle s'expose aussi au monde extérieur par les performances matérielles et technologiques.
Mais, comme on peut s'y attendre, la science c'est aussi plus que ces icones que sont les scientifiques comme Zera Yacob, Réné

Descartes, Isaac Newton, Albert Einstein, Paul Dirac, Richard Feynman, etc. Elle va, certainement, au-delà du symbolisme institutionnel que représentent les massives et impressionnantes constructions de l'Université d'Al Quaraouiyine, de l'Université d'Al-Azhar, de l'Université de Bologne, l'Université de Californie à Berkeley, l'Université de Cambridge, l'Université d'Harvard, de MIT, l'Université de Nizamiyyah, l'Université d'Oxford, l'Université de Stanford, l'Université de Sorbonne, etc. A coup sûr, la science navigue vers les horizons plus éloignés de ses simples manifestations technologiques, peu importe la force d'attraction que peuvent exercer sur nous les objets comme le téléphone portable, les puissants ordinateurs modernes, etc.

Alors, la science, c'est quoi?

Pour établir une perception acceptable du concept science, il est simple revenir à la définition classique du mot science. Le mot vient de la racine latine "*scio*" et signifie: *Je sais* (*je connais*). Mais cette définition classique est autant insuffisante qu'elle cache une plus grande richesse de la notion et de l'exercice de la science comme appel et vocation. Pour comprendre ce qui se cache derrière la simple phrase *'je connais'* il est bon de rappeler qu'en termes plus ouverts, faire de la science reviendrait seulement au refus de la simple explication mythologique devant les grandes questions matérielles. Cette manière de transmettre la notion de science appelle à certaines requalifications. D'abord, la science a pour domaine d'exercice de ses approches et méthodes le domaine matériel. Donc, recourir à la science pour résoudre les énigmes relevant du spirituel serait une imposture ou pure supercherie intellectuelle. Ainsi, les questions telles que *pourquoi existe-t-il quelque chose plutôt que rien* ne devraient pas faire, scrupuleusement parlant, partie des efforts scientifiques; elles sont du ressort de la philosophie et des religions. Dire autant ne devrait pas, cependant, s'entendre comme affirmer une séparation étanche entre la réflexion philosophique et la grande aventure de la science. Etablir une telle étanchéité imperméable serait faire preuve d'une cécité intellectuelle car il est tout à fait connu que la réflexion philosophique nourrit la science et la science ouvre les pans entiers à de questions philosophiques qui n'auraient peut-être pas existé n'eurent été l'entêtement et, souvent, les réussites scientifiques. Cet entêtement et ces réussites scientifiques poussent les horizons de nos connaissances toujours plus loin. Pour s'en convaincre, il suffit de prendre le cas de l'irruption de technologies d'information dans la vie privée des gens et les questions éthiques et philosophiques que ces technologies soulèvent de nos jours. En effet, comme on le sait, l'Internet et les médias sociaux qui lui sont connexes posent des questions sur les traditions juridiques liées à vieille injonction d'Habeas Corpus. Habeas Corpus, cet appel à chacun de posséder son corps, a des dimensions mythiques dans l'esprit collectif des démocraties Anglo-Saxonnes. Il (l'Habeas Corpus) est à la fondation de ce que nous appelons aujourd'hui les droits de la personne humaine.

Ensuite, on devrait requalifier cette simple définition de la science en indiquant ce qu'est entendu par mythe. Le mythe est cette fiction faite d'idées et de cogitations individuelles ou collectives imaginaires. Les mythes ont, certainement, une forte emprise sur les zones périphériques de la raison humaine. Les mythes remplissent les têtes qui cherchent les explications de phénomènes majeurs qui entourent la vie des humains. Les raisons ou significations de notre existence et d'autres phénomènes qui paraissent ne pas trouver des explications rationnelles sont de cet ordre. Et, nombreux que ces phénomènes encore inexplicables rationnellement sont, on a souvent recours aux explications cosmiques pour des phénomènes qui sont, plutôt souvent, environnementaux ou sociaux. Quand bien même qu'ils seraient tous explicables matériellement, ils paraissent dès leur première perception comme les phénomènes paranormaux et exercent une forte impression sur les zones subliminales de notre compréhension rationnelle. Les mythes sont tellement forts qu'ils ancrent dans nos cerveaux des interprétations peu ou prou rationnelles. Les mythes se construisent sur des émotions partagées qui leur donnent toute la force collective qui imprègnent l'entendement collectif social. La force des mythes est tellement grande qu'ils sont souvent à l'origine des pratiques sociales millénaires et servent souvent des fondements irrationnels des valeurs fondamentales communautaires. Ainsi, la quasi-totalité des groupes ethniques Africains se reconnaissent tous un mythe fondateur fait des héros, des prouesses collectives, des totems, des interdits et des actes populaires de mise en communion et de sanctification collectives, etc. Tous ces us et pratiques soudent les groupes ethniques et servent de sarment pour la cohésion sociale. Naturellement, les mythes ont leur cohérence interne; ils ont une logique interne à eux. Cependant, le cohérentisme dont ils font montre ne les justifie pas comme actes volontaires de la quête rationnelle des explications matérielle des faits. Ainsi, la science est, par essence, une opposition constante contre des mythologies.

Finalement, il faut aussi insister sur le fait que la science n'est pas une navigation à vue. Elle répond aux grandes questions matérielles. Ainsi, la science n'est importante que seulement quand elle se concentre autour d'un problème bien défini. Ceci veut dire qu'elle est totalement inutile pour les questions difficiles à définir, particulièrement les questions de valeurs. En plus, comme il sera dit plus longuement au fil des pages, la science n'est pas une simple collecte des faits; elle ne consiste pas à enregistrer les données sur n'importe quoi sans un but. Ici, on doit comprendre une fois pour toutes, malgré qu'on ait à y revenir autant de fois qu'il le faudra dans ce livre, la science commence quand on se pose les questions et on essaie d'y répondre. La science est une question de questions.

Ces trois précisions étant faites, on peut alors dire c'est qu'est la science. Cette définition n'étant, en rien, une nouveauté, il est bon ici de rappeler ce qu'a pu en dire certains esprits avertis le long de l'histoire de l'humanité. Pour que cela ait un sens plus large et plus consommable, on peut se référer aux écrivains qui, souvent ont des moyens autant moins sibyllins que sobres de transmettre des connaissances parfois plus complexes. Ici, il est fait abstraction des philosophes de la science, l'objectif étant de présenter la science dans son contenu le plus commun. Il sera question de parler de la philosophie ou du peu qui serait nécessaire pour ce contexte dans les parties suivantes du livre.

L'auteur, essayiste et poète Irlandais Oscar Wilde (1854 – 1900) disait qu'il serait d'avis d'en appeler à la science pour qu'elle nous remette dans le droit chemin. C'est le mérite des émotions de nous mener de travers ; c'est le mérite de la science d'être exempte des émotions. On peut voir dans ces lignes une liaison clairement établie entre les émotions qui donnent la force de leur existence aux mythes et leur opposition à la science. La science, d'après Oscar Wild a pour mission de redresser notre chemin vers la vérité en nous époussetant des lourdeurs des émotions. De manière lapidaire, on peut dire que pour Oscar Wild, la science est l'exercice conscient par lequel le cerveau humain nous ramène vers un chemin qui est droit. La rectitude mentale, c'est l'objet même de la science. On peut discuter des implications de cette formulation. Mais cela ne fait pas partie de cette section du livre. Tout ce qu'il faut retenir est que pour Wilde les émotions s'opposent à la droiture et que la science serait le chemin vers la droiture.

Victor Hugo (18802 – 1885), certainement un des auteurs Français les plus connus et les plus lus, avait dit de la science qu'elle "cherche le mouvement perpétuel. Elle l'a trouvé : c'est elle-même." Ceci nous donne une des caractéristiques essentielles de la science : ne pas être un moment fixe dans le temps mais plutôt comme une quête perpétuelle du savoir. En effet, faire la science c'est toujours et constamment sonder les zones des réalités matérielles qui sont dans des frontières. C'est pousser le plus loin possible les limites de ce que le cerveau humain peut appréhender ou connaitre. Naturellement, Hugo revient sur le fait que la science est une manière de faire les choses authentiquement unique; c'est ainsi qu'il dit que la science s'est trouvé elle-même. Le perpétuel mouvement qu'évoque Victor Hugo se retrouve aussi dans la compréhension que se fait l'Américain John Stewart Williamson (1908 – 2006), connu comme le doyen de la science-fiction. En effet, pour John Stewart Williamson, la science n'est qu'une longue poursuite de l'insatiable *prima materia* et la clef de ses manifestations multiples. On peut en retenir le fait que la science c'est d'abord et toujours une quête matérielle et se dirige toujours vers le matériel primaire. Mais on notera aussi que ladite quête est perpétuelle (insatiable) sinon la science cesserait d'être science. Le monde matériel est fini mais elle a des frontières largement infinies dans sa finitude. C'est un peu comme ce que nous connaissons de la distance entre deux points d'une droite : elle est connaissable et mesurable mais la même distance contient un infini nombre des points. Ainsi, la finitude de la science ne peut être totalement appréhendée par le cerveau humain. Donc, la science qui navigue dans ces frontières ne saurait s'arrêter. Mais la science, selon John Stewart Williamson, c'est aussi une poursuite qui se fait à travers un questionnement sans fin. Ceci recoupe la définition que Jay Ingram donnait à la science en tant que 'foule des questions, et personne ne connait toutes les réponses.' Jay Ingram est un auteur et journaliste Canadien né en 1945 et qui a animé les émissions sur la Chaine de Télévision Discovery Canada depuis son lancement en 1995. En tant que tel, il a pu toucher les réalités du monde de la science directement. Et pour revenir sur ce qui est dit ci-haut, la science c'est une question des questions. Encore, une fois, la science est, donc, un questionnement sans fin. De ce point de vue, toute observation, peu importe le sérieux avec lequel elle est faite, ne peut prétendre être scientifique si elle n'est pas inspirée d'une question. Il faut aussi, tout de suite, dire que les questions dont on parle ici n'ont pas l'obligation d'avoir des réponses. En effet, sur le plan scientifique, ne pas obtenir une réponse à une question scientifique est une trouvaille scientifique de même valeur que toute autre découverte.

Les propos de ces trois auteurs, ramassés au hasard et peu liés à la pratique de la science elle-même et moins ancrés dans l'exercice philosophique autour de la science nous rendent les meilleures idées que nous pouvons nous faire de la science. Aux questions: la science et faire la science c'est quoi? On peut donner les réponses suivantes : la science c'est une quête, par les moyens rationnels, du savoir ou des connaissances. C'est un questionnement perpétuel sur les lois de la nature. Le savoir, lui, c'est une forme organisée d'information et des faits. Lorsque cette forme d'information (ensemble des faits) est basée sur les hypothèses testables, elle est sur la voie de devenir scientifique; elle ne devient scientifique que lorsqu'elle est revue par les pairs et publiée. Faire la science devient être en perpétuelle recherche des réponses aux questions scientifiques sur base des hypothèses qu'on a soi-même élaborées et aspirer soumettre des réponses éventuelles aux verdicts de ses pairs et publier les résultats qui passent à travers ce filtrage de la revue des pairs.

L'affirmation ci-dessus d'après laquelle l'information ne devient scientifique que lorsqu'elle est revue par les pairs et publiée implique que la critique est au cœur de la science. En effet, passer le savoir par la revue des pairs signifie le faire subir les critiques informées. Une fois sorti de ce processus, le savoir ainsi obtenu en est pondéré. La même affirmation, d'après laquelle l'information ne devient scientifique que lorsqu'elle est revue par les pairs et publiée, pose certainement des questionnements pour les formes des savoirs tenus par certains peuple à traditions orales, comme la plupart des communautés africaines. Dire qu'une information non-revue par les pairs et non-publiées n'est pas scientifiques n'a rien d'outrageux et ne dénie pas la valeur d'autres formes des savoirs. Mais, les savoirs oraux des africains ne peuvent pas se traiter de scientifiques tant qu'ils resteront non publiés. Ainsi, le combat épistémologique des scientifiques Africains, autant qu'il doit se centrer autour de la question de savoir de quel savoir l'Afrique a-t-elle besoin, autant il doit aussi être autour de la conception à se faire sur le stockage, le partage et l'utilisation du savoir aussi bien ancien que celui qu'ils devront créer pour leurs communautés. Ceci appelle à un renversement du paradigme d'Amadou Hampâté Bâ et inscrire le savoir africain dans l'ordre de l'écrit. Il ne faut plus que vieillards mourant emportent avec eux tout le savoir. Ceci n'est pas pour singer la tradition occidentale mais pour vivre la science dans ses traditions millénaires auxquelles les Africains ont aussi pris une part importante à construire. Ce n'est pas une question de mode mais une question de fond. En effet, l'urbanisation et la commercialisation de force de travail qui en est subséquente ne permettent même plus aux plus âgés de partager les moments suffisants avec leurs progénitures. Ceci fait que le temps de transmission du savoir orale n'existe quasiment plus. Il faut passer à un mode de stockage nouveau. Donc, il faut passer à l'écrit ou à toute autre forme d'enregistrement qui pourrait aider le savoir africain à persister. Mais, même si on trouverait une forme de stockage autre que l'écrit, la notion de science elle-même impose que le savoir traditionnel Africain soit revu avec les méthodes scientifiques. On doit se poser la question de savoir à quelle question répondait quoi et soumettre la réponse à cette interrogation à la critique universelle avant de pouvoir transmettre quoi que ce soit à l'écrit dans le format scientifique.

Comme on vient de le voir ci-dessus, la science c'est une quête du savoir. Et ce savoir doit être une réponse à une question, il doit être revu par les pairs et publié. Mais le savoir a, au moins, deux formes. Il peut être soit propositionnel ou soit le savoir-faire. Les descriptions faites ci-haut se bornent au premier type du savoir. Ceci peut donner l'impression que le savoir-faire est moins important. En réalité, il ne devrait pas en être ainsi car les deux formes du savoir sont tellement imbriquées que parfois il est difficile de séparer le propositionnel de l'habilité à faire de la science. Le savoir comment est un processus d'apprentissage sur comment faire la science. Ce savoir est autant important que le savoir propositionnel dans la mesure où c'est lui qui conduit en effet au savoir propositionnel.

La pratique des processus scientifiques

Comme il vient d'être dit, le savoir comment est important pour faire la science. Au cœur de ce processus d'acquisition du savoir, on trouve les questions scientifiques, les hypothèses et les méthodes. Il est, sans doute, redondant de revenir sur l'importance des questions scientifiques dans le processus de création des savoirs mais il faut le redire pour que la chose soit renforcée. En effet, comme dit haut, sans question il ne saurait y avoir de science. On peut avoir plusieurs questions mais dans l'ensemble on les groupes en deux : les questions descriptives et les questions hypothético-déductives.

Les questions descriptives demandent des réponses qui décrivent le monde naturel tel qu'il nous apparait. Comme exemples, on peut citer les questions telles que la production agricole dépend-elle de la variation saisonnière? Ou encore quelle est la consommation mensuelle d'énergie pour une famille de classe moyenne dans une ville donnée? Ou encore : la fièvre porcine revient-elle régulièrement dans la vallée agricole de telle ou telle autre ville d'Afrique? Les réponses à ce type des questions sont, certes, importantes mais ne les restent autant que comme une première étape, et rien que cela, vers une recherche scientifique. Ceci est d'autant plus vrai que les réponses à ces questions ne se limitent qu'à offrir des indicateurs, certes, intéressants mais sommes toutes simples comme la tendance centrale, la dispersion, la forme et la concentration des données. On peut dire que les questions descriptives définissent de manière formelle des faits. Mais comme le disait le Physicien Américain Richard Feynman (1980), définir c'est bon mais ce n'est pas [encore] faire de la science. Ainsi, la description est une forme de définition et une première étape. Mais cette définition ne suffit pas pour faire de la science. On devrait, logiquement, passer à d'autres types de questionnement.

C'est cela qui nous conduit aux questionnements hypothético-déductifs cités haut. Ces questions questionnements hypothético-déductives portent sur les causes, liens, mécanismes de fonctionnement des systèmes naturels. En gros, les questions hypothético-déductives sont complexes à y répondre et font appel à la méthode scientifique elle-même. Cette méthode est un processus à trois étapes consistant à générer et développer des hypothèses d'étude, à générer des prédictions et à tester ces prédictions issues des hypothèses par rapport au faits. Finalement, les prédictions hypothétiques testées nourrissent la théorie existante.

Le paragraphe précédent ne dit, en condensé, qu'une seule chose simplement : les réponses aux questions ne viennent scientifiquement que des hypothèses. On peut définir une hypothèse d'étude comme une conjecture informée sur les possibles les causes, liens, les mécanismes et les fonctions d'une situation donnée. Souvent le mot conjecture repousse les gens qui sont habitués à croire que la science travaillerait sur les vérités établies et qu'elle est plutôt le domaine de la précision. Mais, en réalité, rien n'est autant faux que de faire croire que la science travaille sur les certitudes. Elle travaille plutôt sur les hypothèses mais jamais sur les certitudes. Dès que le monde atteindrait les certitudes, ce serait la fin de l'entreprise scientifique. Mais les conjectures formant les hypothèses scientifiques sont les conjectures qui sont informées, c'est-à-dire construites sur les théories existantes. Ainsi, les hypothèses ne viennent pas du n'importe quoi, elles sont battues sur un socle fort de la connaissance cumulée au cours des millénaires. Ainsi, on peut revenir à la fin du paragraphe précédent et en dire que la recherche scientifique est un processus cyclique: on part des hypothèses formulées sur base de la théorie existante, on prédit les observations, on teste ces prédictions par rapport à la réalité et ensuite on revient vers la théorie pour voir comment les faits soutiennent ou infirment la théorie. Certainement, comme il n'est aucun critère de séparation des hypothèses autre que la falsification (traitée séparément dans ce livre), on peut avoir plusieurs conjectures informées sur une même question; elles constituent les hypothèses alternatives de recherche. C'est un processus contribuant inlassablement au renouvellement de la théorie en partant des théories existantes qu'il faut sans cesse améliorer.

Si générer et développer des hypothèses d'une étude scientifique revient simplement à formuler les conjectures informées par la théorie en vogue dans un domaine donné, générer des prédictions consiste en la formulation de ce qui est espéré arriver si l'hypothèse de recherche est vraie. Cela ne devrait surprendre outre mesure car prédiction vient du verbe prédire qui, même dans son entendement le plus mondain, ne dit seulement que rabattre les phénomènes futurs dans l'actualité des faits. Ici, c'est simplement voir l'enchainement des faits si les hypothèses seraient vraies. De cela on peut affirmer que prédire c'est produire une maquette de ce qui serait vue si l'édifice de notre savoir serait mis physiquement devant nous. On peut avoir des prédictions générales, les prédictions spécifiques ainsi que des prédictions exclusives. Une prédiction est générale lorsqu'elle exprime en termes généraux les possibles cas observables pour une question de recherche. Une prédiction spécifique est faite en des termes plus précis autour de la question de recherche tandis qu'une prédiction exclusive ne s'applique que seulement sur une partie des alternatives. Clairement, les plus amples latitudes qu'une hypothèse laisse à ses prédictions les moins bonnes seront les chances pour qu'elles puissent aboutir à des conclusions factuelles. Ceci dit, en d'autres mots, que les hypothèses scientifiques, bien qu'elles puissent avoir une multitude de manières de se présenter doivent obéir à un certain canevas de processus de réflexion. Ce n'est pas pour rien que les hypothèses conjecturent sur les théories existantes et se basent sur le savoir cumulé au cours de l'histoire de l'aventure humaine. Elles (les hypothèses) doivent éviter de donner l'impression de vouloir répondre à toutes les questions car en voulant faire autant on ne saura répondre à quelle question que ce soit. Simplement dit, une hypothèse pour qu'elle soit scientifique, elle doit être en mesure de se faire tester. Tester une hypothèse c'est décider si les faits envisagés ou les mécanismes formulés seraient supportés ou non par les observations. Fondamentalement, cela veut dire qu'il faut passer par l'expérimentation scientifique, comme on le dit couramment.

Expérimenter scientifiquement c'est aussi un processus à trois étapes. Il part de la conception expérimentale à l'analyse des données en passant par la prise des mesures (données). L'idée générale que le mot expérimentation donne est celle d'une personne barbue, vêtue en blouson blanc et immergée dans un laboratoire et en train de manipuler les instruments et autres petits bouts du monde (échantillons). Cette perception vient essentiellement de l'expérimentation dite du type Baconien. En effet, et sans devoir revenir sur toute la procédure proposée par Francis Bacon, l'expérimentation Baconienne consiste, essentiellement, à isoler la nature et stimuler ses variables afin de voir ce qui pourrait arriver à l'ensemble du système. Ce type d'expérimentation consistant à manipuler la nature existe bel et bien et fait partie de l'arsenal expérimental actuel. Cependant, l'expérience ne devrait pas se limiter à cette caricature; l'expérimentation moderne est souvent du type Galiléen.

Dans l'expérimentation Galiléenne, on travaille sur une partie du système que l'on subjugue à la manipulation tandis qu'on observe simultanément les effets de différents maniements avec la partie servant de contrôle. Le contrôle est un milieu différent de celui dans lequel se passent les remaniements. En fait cette méthode est partie par l'étude sur un corps en chute libre. Pour établir le fait que la résistance du milieu a un effet sur la vitesse du corps tombant en chute libre, Galilée a considéré deux cas de figure. Premièrement, il dut considérer deux corps de même poids et même masses tombant dans un même milieu. Ensuite, il put observer les mêmes deux corps de même poids et même masses tombant dans deux milieux différents. Il se mit à combiner, d'après ces propres mots, les deux faits et observer ce qui arriverait si deux corps de poids différents seraient placés dans les milieux ayant différents coefficients de résistance. Les résultats sont ceux que nous connaissons jusqu'à ce jour: les différences de vitesses sont plus grandes en comparant la vitesse dans le vide avec celles des milieux plus visqueux. Les milieux visqueux ont des coefficients de résistances plus grands que le vide. Dans cette expérience fondatrice de l'expérimentation moderne, les observations dans un milieu sont comparées à celles faites dans un autre tenu pour contrôle.

L'approche Galiléenne, a mis fin à l'expérimentation Aristotélienne. Selon la pensée Aristotélienne, pour reprendre les mots de Michel Siggen (2005), l'expérience est *un habitus de la cogitative* car il est le fruit du travail des sens internes. En plus d'être cogitative, l'expérience est aussi faite de l'imagination et de la mémoire. Elle relève de la puissance de la sensibilité interne qui permet de relier diverses sensations. Dans ce sens, l'expérimentation reviendrait à aligner les choses de telle manière qu'elles répondent à la cohérence que leur accorderait la force cogitative interne. Naturellement, la science moderne est complètement loin de cette manière de concevoir l'expérimentation. Revenir à Aristote dans une présentation de ce genre n'est souvent fait que pour montrer que la science est en perpétuelle évolution.

On peut aussi parler de l'expérimentation Kantienne. Pour rendre claire l'entendement de l'expérimentation Kantienne, il convient de partir de la réflexion de Kant lui-même consistant à montrer la ligne de démarcation entre l'expérience et l'expérimentation. L'expérience, dans son entendement le plus général, c'est un événement qui laisse de l'impression sur les sens d'une personne. Une expérience est le fait d'entrer en contact avec un fait ; c'est le fait d'observer un fait. L'expérimentation, par contre, c'est un processus qui contient à la fois ce contact avec les faits et toute la réflexion inhérente à la vérification et au jugement de la place qui revient à chaque expérience dans l'ensemble des faits que nous rencontrons. Ainsi, alors que l'expérience se rapporte essentiellement aux faits, l'expérimentation contient un pendentif rationnel très important. L'expérimentation est ainsi une mise en commun de l'observation et de la pensée. C'est en suivant cette ligne de réflexion que Kant est arrivé à proposer qu'une expérimentation sans expérience est possible. Un savoir purement logique sans matérialité, *a priori*, peut exister et peut s'obtenir par la raison essentiellement. Dire par la raison essentiellement veut dire à travers le jugement analytique qui mène à ce savoir *a priori* dont les caractéristiques essentielles sont d'être à la fois universel et toujours vrai. Le jugement analytique c'est la raison déployée en réflexion explicatrice des concepts déjà vrais et éliminatrice de ce qui parait illogique dans l'enchevêtrement des faits tels qu'ils sont présents à l'esprit. Mais le jugement analytique n'est pas le seul chemin qui rende le savoir accessible. On peut y parvenir par l'intuition aussi.

Ceux et celles qui ont une idée déformée de la science se poseraient certainement la question de savoir que vient faire l'intuition dans la science? Oui, dans l'expérimentation Kantienne, l'intuition est une voie d'accès au savoir. Pour s'en convaincre il faut d'abord reconnaitre que nous avons les intuitions empiriques qui font que l'on appréhende certaines situations par nos sens physiques. Une personne placée à côté d'une source de chaleur va s'en faire une idée nette même si cette source lui est proche dans l'obscurité. C'est une intuition empirique, issue de la combinaison de notre expérience du passée et de la sensibilité de notre sens de touché. Ensuite, il faut accepter que certains savoirs nous arrivent, comme dans le cas de l'exemple de la personne à côté du feu mais sans devoir faire appel à notre expérience sensuelle. Ces savoirs sont de domaine de l'intuition *à priori*. C'est le cas des savoirs mathématiques.

Ce qui fait peur aux gens quand on parle de l'intuition dans la science c'est, sans doute, une mauvaise interprétation de la notion d'intuition. En général, on y voit une irruption par enchantement de l'irrationnel dans le cerveau humain. Ainsi, en général l'intuition n'est pas seulement une connaissance directe (sans recours au raisonnement) mais aussi, et c'est surtout ce que le public général retient, le pressentiment. La coquille se trouve justement sur l'entendement du pressentiment, compris comme une prémonition irrationnelle et indolente de quelque chose de flou qui planerait à l'horizon. Mais, il faut avoir l'audace intellectuelle d'avouer que cette interprétation rend moins correctement le rôle de l'intuition dans le processus de création des savoirs. En effet, une intuition scientifique n'est pas, en général, le fort des esprits non formatés par l'effort de la recherche. Au contraire, elle ne parvient qu'à ceux qui sont cultivés, par leurs formations ou leurs efforts personnels, dans l'art de la quête scientifique. Ce n'est pas pour rien que Louis Pasteur, ce célèbre microbiologiste Français, disait que '[*les*] *hasards n'étaient que pour ceux qui jouent bien*' ou comme c'est généralement rendu: 'le hasard ne favorise que ceux qui sont préparés.'

Dans l'ensemble, la pratique de l'expérimentation scientifique actuelle se base sur trois types de processus. Pour reprendre Sir Peter Medawar (1979), pour les sciences naturelles, l'expérimentation est faite d'après l'approche Baconienne ou Galiléenne. Toutefois, il faut reconnaitre que la majeure partie de ces expérimentations sont plus du type Galiléen que Baconien. Les autres domaines du savoir sont couverts par l'expérimentation Kantienne.

Ce long excursus dans la clarification sur comment entendre la notion d'expérimentation valait la peine pour que le lecteur comprenne la rationalité derrière le concept et le processus d'expérimentation. Maintenant, on doit revenir sur les étapes de l'expérimentation. En effet, expérimenter commence toujours par la conception expérimentale ou par répondre à des questions opérationnelles et de mise en marche de la recherche elle-même. Ces questions sont, fondamentalement les suivantes, même si on peut leur adjoindre d'autres spécifications liées aux contextes et degrés des détails voulus: De quel type des données et en quelle quantité d'information a-t-on besoin pour répondre à la question que la recherche se pose? Où se trouve cette information? Comment accéder à cette information? Comment contrôler les facteurs qui peuvent avoir des effets confus sur l'information en question? Quel est le cadre analytique des données collectées? Les réponses à chacune de ces questions doivent être coulées en plan d'expérimentation.

Nous avons vu que la seconde étape, après la conceptualisation de l'expérience telle que décrite au paragraphe précédent, on doit passer par la collecte des données ou l'opérationnalisation du plan d'expérimentation dont il est question ci-dessus. En effet, collecter les donnée c'est mesurer ou compter. Bref, c'est enregistrer un signal ou l'information telle que définie dans le plan d'expérimentation. Pour tout scientifique, parler de la collecte de l'information rappelle immédiatement à l'esprit les notions de l'exactitude, de la précision et de la fiabilité de celle-ci. Sans abaisser en rien la fracture de cet ouvrage, il est décent de redéfinir ces concepts étant donné qu'ils sont trop importants pour la recherche scientifique. L'exactitude d'une information renvoie à la véracité de l'information ou à sa justesse. En une grande ligne, la question de l'exactitude des données veut répondre à la demande de savoir si les données collectées renferment exactement la bonne information ou autrement si l'information enregistrée contient effectivement le type d'information requise par la conception expérimentale. On peut aussi en dire qu'elle pose la question de la centralité des informations par rapport au cœur de la réalité. La notion de la précision, par contre, renvoie à la définition descriptive du signal enregistré. La précision donne la mesure de la dispersion du signal autour de la tendance centrale (médiane ou moyenne) des données. En grande ligne, la précision réfère à la distance entre les données et leur propre centre de gravité. Il faut dire qu'on peut avoir les données peu exactes mais trop précises et vice-versa. Toute quête scientifique veut, à coup sûr, se baser sur les informations qui soient à la fois exactes et précises. Il en va de leur fiabilité. Mais il faut éviter la confusion, souvent entretenue à dessein, entre la précision est la vérité. On peut avoir des données précises mais qui se situent trop loin de la vérité. S'il faut choisir, mieux une plus grande exactitude qu'une précision trop pointue.

C'est dit! La collecte des données a comme socle leur fiabilité. Tandis que l'exactitude cherche les données les plus vraisemblables en en définissant le type, en allant les chercher où elles se trouveraient par les moyens licites, la fiabilité introduit une nouvelle donne consistant à continuellement se poser la question sur le temps pendant lequel ces données et les conclusions auxquelles elles mèneraient resteraient encore valables. En effet, la notion de fiabilité peut se définir plus aisément comme la résistance des résultats scientifiques par rapport à l'usure du temps. En tant que tel, la fiabilité aborde plusieurs processus menant à des résultats probants. La fiabilité des données scientifiques est, de ce fait, un constant rappel au scientifique du fait que son travail peut facilement être emporté par le vent si les méthodes scientifiques ne sont pas suivies rigoureusement pendant qu'il (elle) collecte ses données. Ainsi, par exemple, la pratique d'un esprit fatigué consistant à arrondir tous les chiffres pour rendre les calculs plus simples peut être nuisible non seulement à la précision des données mais aussi à la fiabilité des résultats d'une recherche. La fiabilité est ce constant dilemme épistémologique qui revient chaque soir à chaque scientifique après avoir fermé son laboratoire ou après être sorti du terrain. Penser à la fiabilité c'est tout le temps réfléchir autour de la postérité. Un brillantissime exemple de la fiabilité nous parvient de la théorie de la relativité d'Einstein. En effet, selon Azar Kalatbari (2015), lorsque cette théorie fut publiée en 1919, elle provoqua alors beaucoup d'incrédulité chez les physiciens et autres scientifiques. Mais, la confirmation factuelle de la théorie de relativité n'est venue qu'en 2015, comme le dit Azar Kalatbari (2015) par la simple observation de la disparition du disque solaire pendant l'éclipse solaire. Ceci ne veut pas dire qu'il faille que tout chercheur puisse rêver de devenir Albert Einstein un jour mais c'est un appel à toujours mettre la quête de la vérité par-dessus tout.

Ainsi, la fiabilité est un appel à formuler les réponses les plus fouillées que possibles pour toutes les questions de recherche. La fiabilité c'est aussi une invitation à toujours essayer de répondre aux questions telles que comment contrôler les facteurs qui peuvent avoir des effets confus sur les informations disponibles ou quel est le cadre analytique des données collectées?

Ci-dessus, il est dit que les réponses à chacune des questions comme 'quelles données et en quelle quantité d'information a-t-on besoin pour répondre à la question que la recherche se pose?', 'où se trouve cette information?', 'comment accéder à cette information?', 'comment contrôler les facteurs qui peuvent avoir des effets confus?', etc. nous donne un plan d'expérimentation. Additionner à ces questions celle concernant le cadre analytique des données collectées revient à produire un plan de recherche. Il est important de noter qu'une bonne recherche ne se fait pas sans un cadre analytique préalablement établi. On ne va pas commencer par collecter les données sans savoir comment elles vont être analysées. Ceci est d'une importance capitale. Est aussi capital, le fait de ne pas collecter les données pour les forcer à répondre à un logiciel informatique. Le logiciel informatique est un outil au service de la recherche mais pas l'inverse. Les plans de recherche peuvent faire références aux divers logiciels informatiques existants mais le logiciel ne doit pas présider à la formulation des questions de recherche. Ceci est d'autant vrai que les logiciels ne donnent que les résultats des analyses sur toutes les données qui leur sont fournies. Mais ils (les logiciels informatiques) ne sont pas capables, au moins à l'état actuel des choses, de poser des questions scientifiques et moins encore tenter d'y répondre à ces mêmes questions de leurs propres initiatives.

Le cadre analytique est fait de procédures à suivre pour extraire les réponses des données collectées. De fait, on peut dire que le cadre analytique est une analyse conceptuelle de ce qui sera fait pour arriver à l'objectif que l'on s'est fixé dans son plan de recherche. L'analyse, elle-même, consiste en l'exécution des méthodes d'analyse incluses plan de recherche. En réalité, dans la conception générale des faits, trois approches s'offrent pour l'analyse des données: analyse visuelle, l'analyse discursive et analyse statistique. L'analyse visuelle comprend les cartes, les graphiques ou les figures et tente de représenter à quelle réalité les résultats ressembleraient si on les voyait devant soi. C'est un outil analytique très puissant car les images parlent mieux aux humains que les chiffres, les équations et les longues formulations phraséologiques. Ce n'est pas pour rien que Confucius, cet ancien philosophe Chinois, est devenu, tout aussi, célèbre par sa phrase: 'une image vaut mille mots'. L'analyse discursive est cette recherche des rapports et relations logiques entre différentes parties de l'ensemble des données. L'analyse statistique contient les statistiques descriptives et les statistique inférentielles et offrent l'expression mathématique de la réalité. Tandis que les statistiques descriptives ne sont, à strictement parler, qu'une définition mathématique des faits dans leurs formes (voir ce qui est dit sur la définition ci-haut), les statistiques inférentielles permettent d'obtenir des estimations et de tester les hypothèses. C'est ici le lieu de dire clairement que les statistiques ne prouvent rien du tout. Elles nous offrent les moyens d'accepter ou de rejeter les hypothèses que nous formulons. Elles ne font que comparer les moyennes des échantillons par rapport aux populations. C'est, d'ailleurs, le sens qu'il faut donner au qualificatif inférentiel qui leur est adjoint. En effet, inférer peut être entendu comme renseigner sur quelque chose; ainsi les statistiques dites inférentielles nous renseignent sur les populations à partir des échantillons.

Maintenant, ayant compris les implications des statistiques inférentielles, il faut expliquer ce qu'on entend par populations et échantillons en statistique car il y a des nuances à y porter. Une population statistique c'est tout simplement le total d'un collectif d'observations pertinentes à la question de recherche. Et, comme il en est souvent le cas, il y a impossibilité d'inclure toute la population dans l'étude. C'est comme cela qu'on doit passer par échantillonner. Mais, traditionnellement, l'idée qui vient à l'esprit lorsqu'on parle de l'échantillon est celle des échantillons biomédicaux. Ceux-ci sont représentés par des pipettes, des pots pour échantillons, des tubes, et soucoupes portés sur un portoir et des syringes, etc. Cette idée imagée n'est pas fausse mais elle est, certainement, réductrice de la notion d'échantillon. En fait, ce qui est mis dans cet arsenal laborantin est une partie de l'ensemble d'un corps que l'on veut étudier. C'est sur cette partie que vont se mener les investigations pour savoir ce qui se passerait dans l'ensemble du corps d'où l'échantillon fut prélevé. Ainsi, il devient clair qu'un échantillon est une partie du collectif d'observations pertinentes permettant à répondre à la question de recherche. C'est un sous ensemble d'une population. Rendu en d'autres termes, une population statistique est l'ensemble des unités parmi lesquelles l'échantillon peut être prélevé. Dans cet entendement, parler d'un échantillonnage revient à faires les observations sur une fraction de la population. Conceptuellement, on part de la prudence que la fraction ne peut pas représenter parfaitement la population. Cela reste vrai même si l'idée de l'ensemble peut faire à ce qu'un certain sous ensemble soit confondu totalement avec l'ensemble lui-même. En dernier, il est sain de rappeler qu'un échantillon, pour qu'il donne les inférences fiables, ne se décide pas n'importe comment.

D'abord, un échantillon doit avoir les caractéristiques qui permettent de répondre à la question: à quel type des données avons-nous besoin? La réponse à cette question donne le paramètre de recherche, description de la population. Elle (la réponse à la question) doit donner la mesure de la réalité de la population. Cette description se fait à travers une statistique quand il s'agit de l'échantillon. En clair, une statistique décrit l'échantillon et capture la réalité dans l'échantillon. Pour revenir aux statistiques inférentielles, inférer consiste à passer de la statistique au paramètre. Ceci impose à l'échantillon des contraintes importantes. Ces contraintes sont résumées dans l'exigence que l'échantillon soit représentatif de la population. Mais en dire autant peut paraître simplificateur car par échantillon représentatif il faut entendre qu'il soit le reflet authentique de la population et qu'il puisse être d'une taille (nombre des mesures) suffisante, d'une bonne réplication (avec des répétitions indépendantes) et issu d'un processus aléatoire. Pour connaitre la taille optimale de l'échantillon, il faut une analyse de puissance de l'échantillon. Plusieurs techniques statistiques existent et peuvent aider à obtenir les nombres d'échantillons nécessaires pour quelles populations. Mais, encore une fois, il faut éviter la fétichisation des nombres. Ces derniers ne sont utiles que lorsqu'ils viennent d'un processus conceptuel cohérent et logique.

La représentativité d'un échantillon est l'un des socles sur lesquels se bâtit la fiabilité des données. C'est une affaire très sérieuse. Il faut aussi y penser sérieusement avant de se mettre à collecter les données. Car cela permettrait à éviter une des erreurs fatales pour les conclusions d'une recherche scientifique: L'erreur d'échantillonnage. Cette erreur est due au fait qu'une seule une fraction de la population, avec la même statistique soit testée au lieu de couvrir toute la variabilité. Ce type d'erreur par omission aura des effets nocifs sur la fiabilité des résultats et son ampleur dépend de la taille de l'échantillon. On vient, ainsi, de toucher à un problème au cœur de toute la recherche scientifique: la variabilité à l'intérieur de la population. La variation est prescrite dans la nature qui nous entoure et qui est en nous. En effet, rien dans la nature ne réplique identiquement quoi que ce soit d'autre. Même nos corps, malgré l'illusion de la symétrie qu'ils offrent ne sont pas symétriques. Il suffirait de regarder vos deux mains: vous verrez qu'aucun doigt de la main gauche n'est vraiment la réplique d'un doigt de la main droite. Les fantasmes autour de la symétrie dans la nature ignorent que la symétrie est une idéalisation mathématique. Dans le monde vrai et surtout macroscopique, il n'est que d'apparences de la symétrie car à chaque chose prise pour identique à l'autre, il existe au moins un infinitésimal détail qui les différencie. A tout le moins, la symétrie peut se voir dans une échelle plus grande mais pas lorsque les détails sont considérés. On peut autant en dire de l'égalité entre les entités séparées : elle ne peut pas exister. L'égalité est une identification totale mathématiquement parlant. Elle ne peut pas se concevoir pour deux entités séparées qui peuvent prendre deux espaces différents pour le même instant donné. Dire ceci n'exclut pas la possibilité que deux entités séparées puissent avoir les caractéristiques communes; qu'elles jouent des rôles équivalents. C'est cela aussi la beauté de la nature: rien n'est vraiment identique à quoi que ce soit mais au même moment, l'équivalence des choses fait que rien aussi n'est totalement unique fonctionnellement parlant.

Ainsi comprise la notion de variabilité, c'est-à-dire inscrite dans l'ordre naturel des choses comme elle est, exige qu'il faille factoriser la variation dans tout plan de recherche. Et c'est cela que les statistiques essaient de faire en travaillant sur les variables. Une variable est une caractéristique (qualitative ou quantitative) qui évolue (change) dans un échantillon. Par essence, on étudie ce qui est commune comme caractéristique mais prend des différentes valeurs pour chaque individu de la population de référence. Dans un langage rappelant la conception Baconienne de l'expérimentation scientifique vue ci-dessus, on distingue les variables dépendantes et les variables indépendantes. Les premières sont les variables qui changent lorsqu'on manipule des attributs d'une population subjugués à l'expérimentation tandis que les secondes sont les variables qui ne changent pas pendant l'expérimentation. En fait, les variables indépendantes constituent l'ensemble des attributs que l'expérimentateur (expérimentatrice) manipule pour observer comment les variables dépendantes vont changer. C'est ainsi que dans le jargon académique, les variables indépendantes sont égales aux facteurs, ces prédicteurs qui donnent des explications aux changements observés lors d'une expérimentation. De là à voir pourquoi les variables indépendants sont aussi les variables explicatives, la vue est totalement claire.

Aussi, de là à dire que la science ne peut et ne doit pas se limiter qu'à faire les observations, le chemin logique est aussi fort bien balisé. Car la science est aussi une entreprise de la prédiction. Seulement qu'il faut tout de suite indiquer la prédiction ne saurait se confondre avec la divination ou de l'astrologie. Elle est basée sur l'observation des faits et se construit sur la confirmation des faits observés d'une théorie préalablement existante. Ces théories sont, tout comme la science, plus grandes que les observations. Faire de la prédiction revient à révéler les valeurs ou niveaux à prendre par différentes variables ou tendances si une hypothèse de recherche est vraie. Révéler devrait prendre la compréhension de donner la forme et l'ordre de grandeur par construction théorique. C'est pour cela qu'il est important de connaitre les données collectées ou à collecter. C'est essentiel car les relations entre les données et le niveau des mesures vont influencer significativement non seulement le choix de type d'analyse et du cadre analytique global dès le départ mais aussi une meilleure compréhension des données pourra permettre de faire une évaluation sensible des travaux des autres et la mise en perspectives de nos résultats. Cette mise en perspective c'est cela l'art de prédire.

Dans l'ensemble, il faut se dire que savoir n'est pas nécessairement la formulation en formules mathématiques plus complexes qui peuvent parfois prendre les formes les plus ésotériques, même si mathématiser reste une forme du savoir et, souvent la forme la plus lucide. Le savoir existe même dans la simplicité des faits et dans des formats forts diversifiés. Un exemple que tout le monde a en tête lorsqu'on parle de ceci est, sans nul doute, les fameux diagrammes de Feynman qui ont eu pour effet de simplifier les concepts les plus complexes de la mécanique quantique pour une compréhension beaucoup plus ample et profonde. Cela ne veut pas dire qu'il faille jeter de l'opprobre sur les équations mathématiques mais seulement qu'elles sont, ces équations, un reflet des situations naturelles. Les mathématiques prises dans ce sens peuvent se définir comme le langage par excellence de communication scientifique. Elles devraient pouvoir aider à rendre les complexités les plus complexes moins complexes qu'elles n'auraient dues être perçues à travers d'autres modes de communications. Certes, la difficulté des mathématiques comprises dans ce sens est qu'une langue s'apprend et que tout le monde n'a pas appris ce langage au meilleur moment de l'apprentissage. La difficulté que les mathématiques représentent est souvent l'effet des processus de transmission du savoir. Pour en dire trop peu, l'enseignement des mathématiques, au mois dans le contexte Africain, s'est fait et se fait de la manière la plus inefficace, pédagogiquement parlant. Au final, on chasse les enfants de ce langage le plus important dans la compréhension des idées et du monde. Le combat épistémologique des Africains serait, dans cet ordre d'idées, aussi une question de reformer l'enseignement des mathématiques afin de les rendre plus accessibles à la grande majorité de la jeunesse. Il faut pour cela, un effort accru pour la formation des formateurs.

Tensions épistémologiques

Il ne serait que moins holistique de parler de la science et de la recherche scientifique sans parler des tensions épistémologiques qui ont toujours existé entre différentes approches et différentes visions de la recherche scientifique dont l'opposition entre l'induction et la déduction n'est que le cas le plus flamboyant. Dans les lignes qui suivent, on revoit tour à tour les plus grandes tensions épistémologiques, notamment la tension induction-déduction, la tension empirisme-rationalisme, la tension fondationnalisme - cohérentisme, et la tension réalisme naïf – constructivisme. Tout étudiant de l'épistémologie a pu les rencontrer dans ses études, souvent avec les emphases différentes. Ici, on ne va pas aller au-delà du strict essentiel; l'objet du livre n'étant pas de faire un cours de philosophie de la science ou celui de l'épistémologie mais plutôt de parler comment on pourra la faire et, surtout de l'insérer dans la normalité collective des métiers humains.

Premièrement, on parle de la tension induction-déduction. Opposer l'induction et la déduction est un véritable truisme car cela fait partie du savoir public. On sait que les deux approches s'opposent, ne serait-ce que par leurs définitions respectives, l'induction étant, sous peu de mots, entendue comme une généralisation à une classe d'objets ce qui a été observé sur quelques cas particuliers alors que la déduction est prise comme application d'une hypothèse générale à une classe d'objets particuliers (particularisation de ce qui est général). Mais cette opposition a des profondes conséquences sur comment on perçoit le monde et comme on travaille dans la recherche scientifique.

L'induction, comme définie ci-dessus, est une approche qui généralise à une classe d'objets ce qui a été observé sur quelques cas particuliers de cette classe d'objets. Malgré le fait qu'elle soit simple à comprendre et souvent attrayante pour beaucoup d'esprits, elle soulève cependant une question fondamentale: 'comment passer d'une observation singulière à une conclusion générale? Si aujourd'hui le soleil s'est levé à l'Est, qui dit que demain ce sera la même la chose? A cette question, les adhérents de la pensée inductive formulent la réponse générale d'après laquelle on devrait partir du singulier au général par inférence inductive. Ceci se ferait concrètement par une généralisation d'une série d'énoncés d'observations en une loi universelle. Ces mêmes penseurs donnent les conditions qui feraient qu'une induction soit fiable. La première de ces conditions est que le nombre (N) d'observations devrait être suffisamment grand. La seconde est que les observations soient réalisées dans différentes conditions afin que les conclusions aient une large étendue de couverture des conditions expérimentales. La dernière des conditions est qu'aucune observation ne soit en contradiction avec les autres observations. La première condition est donc une condition générale à toutes les approches scientifiques: nous avions dit qu'il faut un échantillon représentatif de la population. Et, il faut un échantillon en nombre suffisant. Donc, de ce point de vue, l'induction ne suppose que la même chose que les autres approches. Nous avions aussi vu que pour éviter L'erreur d'échantillonnage due au fait qu'une seule une fraction de la population soit testée qu'il faille introduire la variabilité au cœur des plans de recherche. Donc, exiger que les observations soient réalisées dans différentes conditions afin que les conclusions aient une large étendue de couverture des conditions expérimentales ne pourrait qu'aider à capturer la variabilité.

Mais, malgré ces rapprochements avec la logique même de la recherche scientifique générale, l'induction pose un certain nombre de problème qui sont parmi les problèmes épistémologiques les plus difficiles et les plus importants dans la pensée scientifique. Le premier à en donner une formulation originale fut David Hume, ce philosophe Anglais connu pour son scepticisme. David Hume ne fut pas seul à évoquer les questions que posait l'approche inductive; il eut aussi Henry Nelson Goodman, Carl Gustav Hempel, Karl Popper, Bertrand Russell et tant d'autres philosophes aussi qui en furent largement fait échos.

En résumé, et pour les raisons de cette introduction à la science et à la recherche scientifique, ces problèmes inhérents à l'induction sont, sans suivre un ordre d'importance particulière: Le problème de pétition de principe, le problème de la non-contradiction des observations du phénomène observé et le problème de l'uniformité de la nature. Le problème de pétition de principe se pose en termes de la cyclicité entre l'observation et la théorie. Il se pose dans ces termes: on sait que l'observation d'un fait présuppose une théorie et que c'est cette théorie qui guide l'observation. Donc, les connaissances et les conclusions tirées de l'observation reflètent la théorie de départ. En d'autres termes, le problème de pétition de principe est l'argumentation qui consiste à tenir pour vraie la proposition que l'on veut démontrer, en la présumant vraie dans l'une des prémisses affirmation énoncée en support à la conclusion. Ainsi, celui (celle) qui observe scientifiquement des faits connaît ou pense connaître les variables pertinentes pour ses observations et essaie de tout faire pour faire passer ses vues et ses idées comme résultant de la recherche. L'induction ouvre une large porte à cette manière de faire les choses; on peut facilement faire passer ces observations particulières pour le soubassement d'une généralisation théorique que l'on tient soi-même pour vraie.

Par l'affirmation de la non-contradiction des observations du phénomène observé, les tenants de l'approche inductive tiennent que les observations du phénomène observé ne devraient pas entrer en contradiction avec les autres observations du même phénomène pour que les résultats d'une recherche soient valides. C'est cela le problème de la non-contradiction des observations du phénomène observé. Adosser la validité des résultats d'une recherche sur la non-contradiction interne des observations ne peut jamais être assuré. Ceci est simple si on considère, par exemple, le fait que l'observation répétée d'un même fait peut être différente selon les observateurs tout comme elle peut varier d'après les temps, ou d'après la précision des instruments de mesures, etc. Au-delà des mesures sur un même objet, on s'attend à ce que les observations des objets de même qualité soient totalement différentes. Ce qui se justifie par le fait qu'aucun objet n'est totalement identique à l'autre, comme nous l'avons vu ci-dessus. Le troisième problème de l'uniformité de la nature est celui qui suppose que la nature est partout et tout le temps identique; que les conditions de la nature doivent s'avérer partout identiques. Ceci n'est tout simplement pas possible. La variabilité dans la nature fait que, par exemple, les conditions écologiques dans une ville donnée varient entre les différents quartiers; elles peuvent varier dans les mêmes quartiers au fil du temps. Comme nous l'avons vu, la variabilité fait partie de la nature même. Ramollir la variabilité n'étant ni faisable ni même souhaitable, y baser validité de l'induction ne saurait être garantie. Ceci nous ouvre un nouveau panneau pour parler de l'autre approche générale de la recherche. Il s'agit, comme on le sait déjà, de la déduction.

La déduction, pour reprendre le schéma le plus connu de Karl Popper (1973) part d'une nouvelle idée, d'une hypothèse ou d'un système théorique déjà existant et tirer, par la logique, les conclusions qui s'imposent d'elles-mêmes pour les cas particuliers. Cette nouvelle idée est avancée à titre d'essai et doit se vérifier pour qu'elle subsiste. Par simple idée, Karl Popper entend, certainement, ce que nous avions défini comme conjecture informée d'une situation. La déduction, ensuite, compare les conclusions, les unes aux autres ou avec d'autres énoncés relatifs au même sujet de manière à trouver des relations logiques. Ces relations logiques peuvent être l'équivalence, la déductibilité, la comparabilité, ou la compatibilité. Si on veut comparer l'induction avec la déduction schématiquement, on aboutira à quelque chose de semblable à l'image ci-contre.

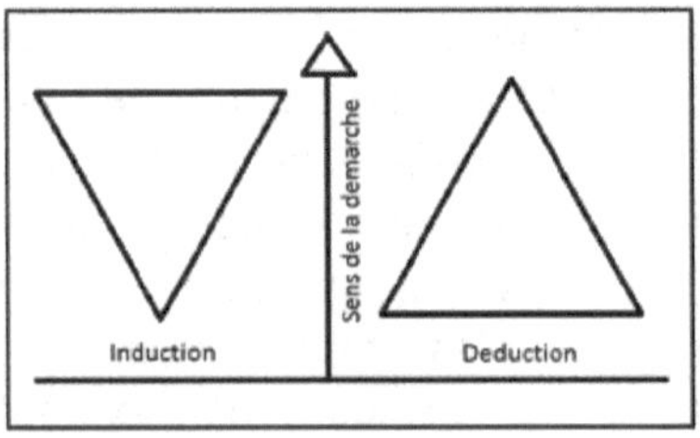

Si l'induction a ses problèmes épistémologiques, le problème de la démarcation reste le plus grand problème qui ressort des discussions philosophiques autour des méthodes déductives sur l'acquisition des savoirs. La question se pose en termes de savoir si en partant d'une simple nouvelle idée ou d'une simple hypothèse, où commencerait la science et ou se le limiterait-elle? En d'autres mots, quels sont critères rationnels pour distinguer la science de la non-science? Comment séparer la science de la science-fiction? Karl Popper en a donné une réponse qui semble recueillir l'avis favorable de la majorité des penseurs. Cette réponse est simple mais très belle aussi: 'une théorie n'est scientifique que si elle est falsifiable ou réfutable.'

La falsiabilité, c'est la manière de rendre le mot réfutabilité, c'est un mot d'origine anglo-saxonne. Une théorie est falsifiable ou réfutable si elle peut être soumise à des tests expérimentaux. Ces tests sont essentiels pour vérifier la concordance de prédictions théoriques avec les observations.

On revoit, avec joie, l'importance de l'expérimentation dans la démarche scientifique. Donc, ce qui sépare la science de la science-fiction c'est le passage par l'expérimentation. Cette expérimentation déductive, d'après Karl Popper doit passer par les quatre étapes suivantes. Premièrement, on devrait comparer à l'interne les conclusions d'une recherche entre elles pour en déduire la cohérence interne du système. On devrait ensuite, chercher les formes logiques de la théorie pour déterminer si elle a les caractéristiques d'une théorie scientifique ou empirique, si elle est tautologique ou circulaire. En outre, on devrait comparer la théorie avec d'autres théories pour voir si elle constitue une avancée pour la science au cas où elle survivrait à multiples tests ultérieurs. Et finalement, on devrait mettre en épreuve la théorie par les tests concrets de ses possibles applications. Il faudrait noter que ces étapes sont déjà dans le concret car elles ne contiennent pas l'étape initiale, certes la plus importante: la formulation de la question de recherche ou, ce qui dit la même chose, la formulation des hypothèses de travail.

La tension épistémologique empirisme – rationalisme: L'empirisme et le rationalisme sont deux courants de pensée qui sous-tendent les le raisonnement par induction et le raisonnement par déduction. De ce fait, cette tension épistémologique peut être comprise comme le prolongement de la différentiation entre l'induction et la déduction. Empirisme, aligné sur la démarche inductive, veut que l'expérience et l'observation soient à l'origine de la connaissance. Par contre, le rationalisme, aligné de facto à la pensée déductive veut que la vérité émane de constructions logiques et de schémas conceptuels d'abord avant d'être muable en faits expérimentaux.

La tension épistémologique entre le fondationnalisme et le cohérentisme: Le fondationnalisme et le cohérentisme sont deux extrêmes dans une démarche épistémologique qui est plus orientée vers la lecture de l'argumentaire. Pour le fondationnalisme, les croyances de base (fondations) justifient nos croyances sans être elles-mêmes justifiées par d'autres croyances. Ces croyances de bases n'ont pas besoin d'être justifiées ou que si elles doivent l'être, cette justification n'aura pas besoin d'une expérience sensorielle, d'une intuition, ou d'une évidence. Bref, les fondements de la connaissance, pour les fondationnalistes, sont justifiables mais d'une façon autre que par un argument : c'est la solidité des fondations elles-mêmes et non la cohérence de l'argument. Ainsi, le fondationnalisme s'oppose à l'approche dit du cohérentisme. On peut se poser la question de savoir comment on définit la solidité des fondations tout comme en quoi consisteraient ces croyances de base. Quoi qu'il en soit, la science moderne, en tant que perpétuels questionnements et remises en question des faits, est loin d'être une affaire des croyances dogmatiques. Le cohérentisme est la thèse selon laquelle la vérité est une relation de cohérence de la justification d'un ensemble de thèses. D'après le cohérentisme, une affirmation est vraie si et seulement si elle fait partie d'un système cohérent de croyances et des idées. La cohérence exerce, certes, un attrait non-négligeable sur l'esprit humain. Mais elle seule ne suffirait pas pour faire d'un argument un raisonnement scientifique. Car, il faut, en plus de la cohérence, une démarche qui puisse établir que la cohérence d'un argument vient en soutien à des faits mesurables, vérifiables et des relations fonctionnelles démontrables par la recherche. Si non, toute rhétorique bien cousue passerait pour un discours scientifique.

La tension épistémologique Réalisme – constructivisme: Une tendance épistémologique est celle consistant à faire plus de place aux enregistrements de la nature faits par les sens de l'être humain. Cette tendance est ce qui est connu sous l'appellation du réalisme. Les autres la qualifient même du réalisme naïf et la définissent par l'affirmation d'après laquelle le monde extérieur à la perception est exactement tel que nos sens nous le représentent. Il faut donc prendre les renseignements fournis par nos sens comme les seuls vraies réalités du monde. En tant que pensée réductrice de la réalité à ce qui est perçu par nos sens uniquement, le réalisme naïf ne peut que s'opposer aux tenants de l'opinion d'après laquelle la seule réalité que l'on connait est celle qui est représentée par la pensée. C'est la pensée constructive ou le Constructivisme. La pensée constructiviste affirme, en effet, que réalité est indépendante de la pensée humaine mais un savoir sensé est une construction humaine. C'est essentiellement la construction rationnelle.

Types de cadre analytique des données

Nous avons longuement parlé de l'expérimentation et des collectes des données. Comme nous l'avons vu, pour que le plan de recherche soit complet, il faut qu'il ait en son sein un cadre analytique. Il convient de rappeler ici qu'un cadre analytique doit être fixé sur base du type de question et des données. Le cadre analytique doit être connu avant même d'être applicable aux données. Il conviendrait aussi de revenir sur le fait que l'approche analytique ne devrait pas être dictée par un logiciel informatique. Au contraire, c'est le cadre analytique qui doit imposer l'outil informatique dont on a besoin pour les données collectées. Dans les paragraphes ci-dessous, nous passons en revue les grands cadres analytiques sans nécessairement entrer en détails. De tels détails se trouvent partout; il suffit de chercher pour en avoir les tonnes d'information. Ce qu'il faut cependant souligner ici est que tous les cadres analytiques globaux peuvent être soient inductifs ou déductifs. On devrait aussi dire que souvent on trouve les cadres analytiques hybrides, combinant deux ou plusieurs cadres méthodologiques globaux. Dans l'ensemble, il est même difficile de trouver une étude qui ne contiendrait qu'un seul cadre analytique. Ceci est surtout particulièrement vrai pour les sciences dites humaines et sociales.

Le cadre méthodologique analytique: c'est cette approche procédant par décomposition du sujet de la recherche. La décomposition est faite afin de retrouver les constituants essentiels et établir les liens, s'ils existent, entre ces constituants. En fait, le cadre méthodologique analytique pousse le chercheur à saisir les propriétés de l'ensemble à partir des composants essentiels. Il faut cependant se méfier du qualificatif essentiel qui est collé aux composants car l'essentiel n'est pas nécessairement le plus abondant et le plus imposant au sens quantitatif. Essentialité n'est pas ubiquité car on peut trouver des composants moins ubiquitaires mais qui jouent une fonction plus essentielle que les composants autrement plus imposants quantitativement. Autre chose que l'on doit noter sur l'approche analytique est qu'on devrait éviter de disséquer *ad infinitum* car au-delà d'un certain seuil, les informations à obtenir des divisions sans cesse plus petites deviennent difficiles à assembler dans un collectif argumentaire plausible. Une question fondamentale qui se soulève sur l'approche analytique est de savoir si la somme des propriétés des composants fera la propriété de tous les composants réunis. Certainement, on y voit la question du rapport entre les parties et le tout. Le tout étant toujours quelque chose de plus que l'ensemble des parties prises rassemblées, on peut se poser la question de ce qu'adviendrait des fonctions que les parties jouent lorsqu'elles additionnées.

Le second cadre analytique global est celle de la famille des méthodes dites synthétiques. Clairement, cette famille des méthodes fait l'opposé des méthodes analytiques. Elles procèdent par la réunification (réassemblage) et la recomposition des éléments. Ce cadre analytique pousse le scientifique à partir des plus petites composantes et en construire une structure intelligible plus grande. Les questions épistémologiques inhérentes à ce cadre analytique global sont celles de savoir jusqu'à quel niveau doit-on assembler les parties. Ceci pose un problème épistémologique majeur dans la mesure où en mettant toutes les composantes ensemble, on risque de noyer les nuances de chacune des composantes ou idées dans un résultat hybride qui pourrait facilement ressembler à une hydre intellectuelle. C'est encore la question des rapports entre les singuliers et la pluralité macrocéphale de l'ensemble. Dans les deux cas, la solution est question de la mesure; il faut éviter les extrêmes. La vérité, comme on le dit généralement, n'est certes pas aux extrêmes.

La troisième famille des cadres analytiques globaux connus est la famille dite des méthodes objectives. Seulement en lisant l'adjectif 'objectif', on peut se poser plusieurs questions. Qu'à cela ne tienne, ce qu'il faut en savoir est que cette famille prêche que l'on puisse décrire les phénomènes sous étude de façon neutre et méthodique. La neutralité signifie ici prendre une distance par rapport aux faits. Par méthodique il faut entendre carrément systématique. Le concept de la neutralité, pour le dire moins, pose des problèmes de comment la mesurer. En plus de la question de comment quantifier la neutralité, on se pose la question spéciale relative aux études en sciences sociales et humaines. On n'est jamais totalement neutre! On a toujours une relation quelque peu complexe et perplexe avec les réalités de la vie et chaque expérience du passé se mue en attitude en la personne du chercheur qui peut s'avérer difficile à déceler. Pour cette raison, on pourrait presque se poser la question de savoir en quoi consisterait cette neutralité. Aussi, la notion de systématisation peut aussi avoir ses côtés faibles, malgré l'attrait qu'un étalement systématique des données peut exercer sur l'intellect humain. En effet, on travaillant systématiquement, on peut facilement louper certaines informations qui se localiseraient tout aussi systématiquement en dehors de notre rangement systématique de l'échantillonnage.

La quatrième famille des cadres analytiques globaux est celle des méthodes dialectiques. Dialectique vient d'une composition de '*dia*' et *logos*. *Dia* c'est la mise en relation des deux entités alors que logos, dans un premier sens c'est la parole; c'est parler. Ainsi, la 'dialectique' est d'abord une mise en dialogue ou discussion entre deux personnes. Ensuite, *logos* dans son sens le plus connu, c'est la logique. Ainsi, dans ce sens, dialectique reviendrait à mettre en relations deux logiques ou deux facettes de la raison. En effet, logos n'est pas seulement traduit en langage ou logique mais aussi et surtout en tant que raison. Ainsi, cette mise en contact de deux parties de la même raison se traduit méthodologiquement par toujours envisager la chose et son contraire, avant d'en déduire une synthèse. Aristote, d'après Balibar (2017) ne définissait-il le dialecticien comme cet homme capable de formuler des propositions et des objections? C'est dire qu'au cœur de la dialectique se trouve les thèses et les antithèses. Mais, cette confrontation des thèses contre les antithèses, n'est pas une fin en soi; elle envisage toujours la chose (thèse) et son contraire (antithèse) pour arriver en déduire une synthèse. Cette synthèse n'est pas l'addition des thèses aux antithèses mais une nouvelle connaissance. Comme on peut le constater, au sommet des méthodes dialectiques se retrouve la famille de cadre analytique global de la famille synthétique.

Le cinquième cadre analytique global est celui des méthodes expérimentales. Nous avions déjà abondamment discuté de ce cadre. Revenons-y seulement pour y ajouter qu'en tant que cadre d'analyse des données, la famille des méthodes expérimentales met la priorité sur la mesure issue de l'expérience. Par mesure il faut entendre la quantification des objets de la nature. Ce n'est pas pour rien que souvent les méthodes analytiques globales de cette famille sont souvent nommées les méthodes quantitatives. Elles sont aussi assez souvent baptisées les méthodes des sciences naturelles. Elles exigent que toute conclusion résulte d'une expérimentation; ce qui revient à dire que toute conclusion devrait être validée par une expérience.

Nommer les méthodes expérimentales des quantitatives ou méthodes des sciences naturelles ne fait, cependant, pas la justice tant aux sciences sociales et humaines qu'à cette famille de méthodes elle-même. Les sciences dites sociales ou humaines peuvent être et sont, depuis le milieu du 20eme Siècle, de plus en plus expérimentales. On peut penser à la psychologie et à l'économie dont certaines branches sont essentiellement expérimentales. On comprendra, néanmoins, l'origine de cet hiatus dans la présentation de cette famille des méthodes, devenue la plus usitée et dans tous les domaines du savoir. Au départ des méthodes expérimentales se trouve Galilée et Francis Bacon. Ensuite viendront Isaac Newton, Charles Darwin, Max Planck, Albert Einstein, Louis Pasteur, James Watson et la cohorte des autres (Cheik Anta Diop, Joséphine Guidy Wandja, Cheick Modibo Diarra, etc.). Ainsi, le fait que cette famille des méthodes soit à ses origines essentiellement issue de la Physique fait souvent ombrages à son usage dans d'autres domaines. Il n'est, certes, pas question de faire la critique de l'usage des méthodes expérimentales hors de leur champ d'origine. Qu'il suffise seulement que nous comprenions que les méthodes expérimentales sont devenues, sans nul doute, les méthodes scientifiques par excellence. Encore une fois de plus, il faut entendre la science ici dans son sens primaire, '*scio*' (je connais), donc la recherche du savoir, en général, et pas strictement les branches de la science issue de la philosophie naturelle. Pour en finir, il convient de redire que le cadre scientifique moderne se basant sur le quadruplet hypothèses – observation - classification –vérification est tout ce que l'on peut entendre par méthodes expérimentales.

La sixième famille des cadres analytiques globaux est constituée des méthodes systémiques. Celles-ci partent du postulat que chaque objet d'étude est une partie d'un «système» du quel il tient toutes ses propriétés et avec les éléments du quel «système» l'objet d'étude entretient des complexes relations de dépendance et réciprocité. Il faut se rappeler, pour comprendre la pensée motrice de cette approche, que le mot système ne veut rien dire d'autre qu'un 'ensemble organisé et organique' d'éléments. D'après cette famille des cadres analytiques globaux et reprenant en résumé les idées de Meadows (2008), on ne peut pas appréhender le fond de la partie sans que le système soit préalablement pris en compte. Ainsi, pour comprendre un objet d'étude, on doit voir la globalité des fonctions de chaque et de toutes les parties du système auquel cet objet appartient et comprendre les liens qui unissent les parties entre elles. On doit aussi s'efforcer à comprendre les liens entre les parties et l'ensemble. Pour résumer, la famille des méthodes systémiques est une recherche des relations entre différentes composantes. Ces méthodes prônent l'holisme et la multiplicité des perspectives dans la recherche scientifique. C'est comme cela qu'elle est, souvent avec raison, confondue avec la multidisciplinarité scientifique. On peut lire en filigrane que regarder l'ensemble du système distancie ce cadre analytique global, pour peu dire, de l'expérimentation Baconienne qui, comme nous l'avons vu, consiste à séparer un élément de la nature de l'ensemble afin de le manipuler. Aussi, comme l'expérimentation Baconienne fait partie de l'ensemble du paradigme Cartésien autour du savoir, on peut en lire, en toile de fond, une certaine opposition au cartésianisme. Pour le voir plus clairement, on peut prendre la manière de définir le cartésianisme que livre Wilson (1998): c'est le réductionnisme ou l'étude du monde comme un assemblage des parties physiques qui peuvent être décomposées en plusieurs parties et analysables séparément.

Une notion très importante que l'on ne devrait pas sauter à pieds joints dans ce type d'ouvrage est celle de la multiplicité des perspectives dans la recherche scientifique. En effet, un même objet de recherche a nécessairement et toujours plusieurs facettes. Nous l'approchons toujours dans un angle et à une profondeur donnés. Ces angles d'approche sont les perspectives à partir desquelles nous approchons notre objet; elles sont intimement liées à notre domaine d'expertise. La profondeur avec laquelle nous approchons cet objet est notre niveau d'expertise; elle détermine notre distance par rapport à la réalité dans notre domaine de recherche. Ce n'est pas qu'on va atteindre un jour la réalité qui est ici la totale vérité mais qu'on peut s'en approcher au fur et à mesure que l'on croît dans son domaine de recherche. Décemment, on peut avoir dans cette affirmation, même si c'est de manière qui paraitrait quelque peu dérobée, une réminiscence de la théorie de 10.000 heures de Gladwell (2009). En résumé, cette théorie dit simplement que pour devenir un expert dans un domaine, il faut y avoir travaillé au moins 10.000 heures consécutivement. Ceci ne veut rien dire d'autre que ce que nous connaissons déjà: atteindre un niveau d'excellence admissible dans n'importe quel domaine requiert du temps et du travail assidu. Mais pas un temps où l'on passe le plus clair de sa vie dans l'indolence on se croyant être tel ou tel autre. Les 10.000 heures dont il est question ici sont ceux d'efforts et du travail ardu. On peut aussi avoir besoin de plus de 10.000 heures, ce chiffre étant certainement le minimum nécessaire. Appliquée à la recherche scientifique, cette théorie veut tout simplement dire que l'expertise, donc notre angle d'approche d'un sujet de recherche, dont on a besoin pour se prononcer sur quelque chose prend du temps à se bâtir et sa profondeur ne s'accroitra qu'au fil des efforts inlassables. Qu'on ne s'y méprenne pas! Ceci ne devrait, en rien, équivaloir à dire que pour être un bon chercheur il faut être vieux et barbu et avoir des cheveux blancs, comme nous montrent les images que nous avons de Galilée et Charles Darwin ou avoir des cheveux boursouflés comme dans les images d'Isaac Newton ou ceux trop célèbres d'Albert Einstein. Ce que cette règle veut convier comme message c'est tout simplement que toute excellence requiert du temps de travail. Il faut pour arriver aux résultats scientifiques, une abnégation sans faille.

Dans ce sens, les 10.000 heures nous rappellent que le succès appartient à ceux qui se réveillent tôt, travaillent beaucoup, à ceux qui sont organisés et disciplinés. Bien sûr, dans la redoutable lutte pour la survie qui se joue dans les bois perdus de la forêt équatoriale d'Afrique Centrale, se réveiller tôt renvoie aux images des brouillards matinaux s'échappant soit des rivières ou des cimes des arbres dans lesquels doivent se plonger les parents pour aller chercher de quoi faire vivre leurs familles vers la tombée de la journée. Oui, cela n'est pas si différent en science: on peut se rappeler des étudiants, en occident, quittant leurs lits des dortoirs pendant les hivers parfois trop froids pour aller aux laboratoires. Tout comme cette image des brouillards matinaux peut-elle nous remémorer tous ces matins que certains des chercheurs doivent passer à traverser les forêts en cherchant à comprendre comment les écosystèmes fonctionneraient. Ceux qui ont lu le séminal ouvrage Currey (2013) risquent de tomber dans la tentation simplificatrice consistant à faire croire que les matins ont un pouvoir d'inspiration plus grande que les autres heures de la journée. Sans que cela ne soit nécessairement vrai, il convient toutefois de nous rappeler que les matins offrent les heures calmes dont un esprit scientifique a besoin pour réfléchir.

Travailler beaucoup ici devrait être entendu comme travailler un peu plus que les autres. Si on ne peut pas devenir un boxeur sans s'entrainer, on ne devient pas scientifique sans travailler. On ne peut pas sortir des rangs ordinaires et prétendre se mettre au même niveau que Mohamed Ali en boxe professionnelle. C'en est exactement la même la chose pour l'excellence scientifique: on doit travailler plus que beaucoup d'autres pour être d'un niveau excellent. Etre organisé est, certainement, quelque chose qui frappe les étudiants lorsqu'on le leur dit. Ceci est d'autant vrai que l'image de désorganisation que les profanes se font des scientifiques. En effet, les profanes considèrent les scientifiques comme des êtres désorganisés de manière inhérente. On peut dire que, dans une certaine mesure, cette image profane trouverait ses origines dans les barbes et des cheveux boursouflés des images publiques d'Albert Einstein, de Charles Darwin, de Galilei Galilée, d'Isaac Newton, James Clerk Maxwell que nous évoquions ci-dessus. On peut aussi lier cette image profane avec une certaine image de manquements sur certains codes sociaux, notamment en ce qui concerne la mode vestimentaire. Cependant, être organisé ne devrait pas se limiter à ses images d'apparats mais, plutôt et surtout, devrait être compris comme être ordonné ou savoir organiser ces affaires de telle sorte qu'on puisse y travailler correctement sans se perdre. Entendu dans ce sens, et profondément parlant, tout esprit scientifique est un esprit organisé, ne serait-ce qu'autour des questions et méthodes. Chaque scientifique quand il se réveille le matin a une idée de par où il va commencer avec son travail et il sait où il veut aller. C'est cela l'organisation, c'est cela être organisé. Pour s'en convaincre, il faut voir la minutie et la propreté avec lesquelles les matériaux des laboratoires, particulièrement ceux de la chimie, sont rangés. On sait retrouver chaque chose à sa place. Naturellement, tous les laboratoires du monde ne sont pas si propres et si bien rangés mais la majorité des scientifiques tiennent leurs laboratoires en état impeccables.

Etre discipliné peut aussi paraitre contraire à l'image que projettent les scientifiques d'eux-mêmes aux profanes. Ceci est d'autant vrai que, comme le dit Feyerabend (1988), un esprit scientifique est, par essence, moins susceptible d'accepter d'être enfermé dans la discipline des maîtres. De ce fait, les esprits scientifiques ne sont pas domptables par les limites imposées par les cadres de réflexion préétablis. Ils ont cette soif de toujours aller par-delà l'idéal du 'le-maître-a-dit'. Par contre, ils sont disciplinés dans la rigueur de la pensée car ils veulent aller jusqu'au bout de la logique et tirer les conclusions qui s'imposeraient à partir de leurs expérimentations. Ils sont disciplinés dans l'obstination avec laquelle ils reviennent tous les jours sur le même sujet afin d'aller jusqu'au bout de leurs quêtes; ils y reviennent parfois même après des échecs cuisants ou au milieu ou après des situations personnelles complexes. La discipline ici peut être étendue à la patience et la témérité. La discipline, vue comme telle, agit comme l'eau qui tombe sur un rocher: petit à petit, elle tombe sur le même point pour plus tard en creuser un grand fossé.

Pour finir avec les cadres analytiques globaux, il faut en convenir que ce qui vient d'être dit ne donne que les perspectives vers lesquelles chacun d'entre ces cadres globaux dirigerait le scientifique. Pour être complet, chacun de ces cadres vient avec les méthodes spécifiques de collecte des données et les techniques d'analyse. Quand on parle d'un plan de recherche, normalement, on ne devrait pas se limiter aux généralités du genre fournies dans cet ouvrage. On doit être le plus précis que possible en donnant quel type des données, quelles méthodes vont servir à les collecter et quelle technique statistique ou autre sera utilisée pour arriver aux résultats.

Chapitre 2
La recherche scientifique comme partie intégrante du travail

Ce chapitre définit la recherche scientifique en partant de la définition de l'histoire offerte par Emmanuel Kant selon laquelle l'histoire est la marque de la rationalité dans la nature. Ceci peut se justifier dans le sens que lorsqu'on voit les édifices s'élever, les routes s'ouvrir, les astronautes alunir, les malades sortir des maladies autrement plus dangereuses, etc. on pense immédiatement à l'action de l'homme, seul être doté d'une rationalité exhibée. Mais derrière ces prouesses se trouve un effort intellectuel important de compréhension de la nature ainsi que la volonté d'utiliser cette compréhension de la nature pour le bien de tous. Cet effort de compréhension de la nature, c'est la recherche scientifique. C'est la coordination orientée des efforts de l'intellect humain pour chercher à connaitre de quoi est faite la nature, comme fonctionne cette nature et comment l'être humain peut s'en servir pour son bien. La recherche scientifique peut se comprendre, dans ce sens, comme étant partie du travail et du processus d'ennoblissement de la condition de l'homme. Cet ennoblissement, loin d'être seulement matériel, il est aussi culturel, moral et spirituel.

Ce chapitre parle du travail en général mais inscrit la recherche scientifique comme une contribution de la science dans ce processus d'ennoblissement humain. Le chapitre parle, en particulier, du rôle que les scientifiques Africains auraient pu jouer pour le bien-être collectif des citoyens de leur continent et de leurs pays respectifs. Les propos inclus dans ce chapitre sont applicables à toute l'humanité; le centrage spécifique sur le continent Africain n'est de mise ici que seulement parce que de tous les continents, c'est l'Afrique qui paraît le dernier dans compréhension des bienfaits de la science. Ce n'est pas que la science n'y jamais arrivée mais seulement que l'enseignement de la science moderne y est encore problématique. Il y a, certes, des raisons historiques et contextuelles de cet état des choses. Elles ne sont pas partie de ce livre; qu'il suffise d'admettre le fait que l'enseignement des sciences a encore du chemin à faire en Afrique. C'est ainsi que le chapitre finit par identifier les blocages épistémologiques qui empêchent l'émergence d'une science libératrice pour ce continent.

La personne humaine, comme on l'a vu en reprenant les mots de René Descartes, est une entité existante destinée à un perpétuel devenir, aspirant en tout moment et en tout lieu à un devenir meilleur sur tous les plans. Pour être clair, sur le plan matériel, moral et spirituel. Pour atteindre ses objectifs la personne humaine doit s'employer à fournir toutes ses énergies dans une forme ou dans une autre pour transformer ses conditions de vie. Le fait de fournir les énergies pour transformer ses conditions vitales, c'est cela qui se nomme travail. Mais le travail de toute personne humaine est un acte de raison humaine. C'est à travers le travail que la personne humaine s'inscrit dans l'histoire de la terre. Pour répéter la citation d'Emmanuel Kant, l'histoire c'est la marque de la rationalité dans la nature. Ceci peut se justifier dans le sens que la transformation des éléments de la nature par l'action de l'intellect humain commande sur les formes d'énergie que l'être humain doit dépenser pour faire de la vie, et toute la vie, sur terre une existence qui persiste au cours du temps. Quand on voit les véhicules rouler, on se fait immédiatement l'idée de l'investissement intellectuel qui s'y est mis avant d'arriver au produit final qui nous facilite les mouvements. Penser à l'action de l'être humain ramène toujours et sans cesse aux énergies cérébrales que les individus dépensent pour rendre concrets leurs rêves.

Mais, le rêve commun à tous est de toujours rester sans cesse plus humain. En général, c'est le rôle du travail. Ainsi, le travail, quelle que soit sa nature, sert à l'humanisation en ceci qu'il rend l'humanité plus humaine. Aussi, faudrait-il noter que marquer la nature de la raison c'est d'abord connaitre la nature. Donc, au point de départ du travail réside l'acte de la connaissance. On peut s'imaginer combien du temps qu'il a fallu attendre et combien d'effort mental qu'il a fallu déployer avant que l'espèce humaine puisse maitriser l'énergie à travers le feu. Perçus d'aujourd'hui, ce temps et ces efforts peuvent nous sembler être dérisoires mais partir du néant pour arriver au feu ce fut un événement gigantesque. Cet événement, l'acquisition du feu, a changé de manière profonde et irréversible le monde. Même la destinée de l'humanité serait autre aujourd'hui n'eurent été ces efforts de connaissance de la nature. S'efforcer à connaitre la nature dans ses compartiments et les interactions entre ces compartiments c'est cela justement que nous appelons faire de la recherche et c'est l'objet principal de la science.

On devrait toutefois noter que le travail se présente sous plusieurs formes de métiers au point que faire de la science c'est un métier à part entière. Comme pour tous les métiers, faire de la recherche scientifique requiert les atouts entièrement à part. Ce n'est nullement question de parler de métiers qui soient plus nobles que les autres. Mais c'est dire quelle est la place que la science, comme un métier, devrait occuper dans le travail humain global. En effet, pour mieux situer les choses, il faut revenir sur cette notion qu'est le travail et en quoi est-il si important pour l'humanité. Le travail c'est cet effort que chacun investit pour créer les conditions propices à l'épanouissement de la vie des personnes sur terre. Si les conditions matérielles sont une composantes majeure pour la survie de l'espèce humaine, elles ne sont pas, pourtant uniques et suffisantes. Le travail doit, au total, assurer que les conditions matérielles de la vie soient les plus humaines que possibles. Par conditions humaines, il faut entendre les conditions qui n'avilissent l'être humain qui se trouve dans toute femme et tout homme. Se nourrir suffisamment et qualitativement bien, dormir décemment, labourer sans trop d'efforts physiques, avoir de l'énergie nécessaire pour se chauffer ou s'éclairer, etc. sont si importants pour la vie de la personne humaine qu'il ne pourrait être qu'un fou celui qui minorerait leurs impacts sur notre vie de tous les jours. Cependant, les autres conditions telles les conditions morales et spirituelles sont toutes aussi importantes. La joie que certains d'entre nous éprouvent en regardant un film, la joie de lire un bon livre et d'avoir les connaissances littéraires, etc. sont aussi partie des conditions qui font que les humains se disent dignes de vivre, dignes d'être humain. Ce qui est beau à voir c'est le fait que conditions matérielles ainsi que les conditions non-tangibles de la vie sont toutes produits du travail humain. Aussi beau est le fait que ce travail est d'abord et avant tout un processus mental, donc de la science, même si tout ce qui est passé vers l'automatisme ne peut plus se traiter de la science.

Le travail est si important pour assurer à l'humanité sa prospérité. Le travail est si important parce qu'il est, en grande partie, une œuvre de l'ingéniosité cérébrale de l'homme et de la science au sens primaire du mot. Le travail participe à l'humanisation perpétuelle de l'humanité. Mais ce processus d'humanisation, comme le disait Teilhard de Chardin (1981), est de deux niveaux. Par-delà l'humanisation élémentaire culminant dans chaque individu, il se développe réellement au-dessus de nous une autre humanisation collective. Cette humanisation collective est supérieure à nos singularités individuelles et concerne l'espèce humaine dans son entièreté. C'est à ce niveau de l'espèce humaine que s'étale la mesure même de l'être humain, de son engagement à toujours et sans cesse être plus. La mesure de libération de l'être humain par rapport aux forces de la nature c'est la personne humaine. Ainsi, l'étalon de la mesure de toutes les réussites du travail humain c'est le degré d'avancement global de toute l'espèce humaine. La science y contribue de manière très significative car par la science non seulement on acquiert plus du matériel mais on devient soi-même plus agrandi en tant qu'être humain.

Les liens entre la science et le travail sont plus profonds que ce qu'ils peuvent donner comme impression à première vue. Le travail actuel est tellement imbriqué par les applications technologiques de la science que souvent la technologie est la partie la plus connue de la science. En effet, chaque matin quand quelqu'un démarre son tracteur, il s'appuie sur l'application de la partie de la physique connue sous l'appellation de la mécanique. C'est une partie de la science. A chaque instant que nous décrochons notre téléphone portable pour parler à un ami ou à un parent, nous sommes en train d'appliquer la théorie des ondes ; donc encore de la science. A tout moment que nous prenons un comprimé contre les maux de tête, nous avalons une formule chimique. C'est de la science. Ces exemples parlent d'eux-mêmes qu'il serait tout simplement absurde de leur prêter d'autres mots pour les clarifier. Seulement, la science c'est plus que toutes ces applications physiques et chimiques. La science, dans son sens le plus noble, c'est aussi tout ce qui doit concourir à offrir les clés aux multiples questions sociales. Dans cet entendement, la science est faite de toutes ces branches dites des sciences sociales et humaines. L'Anthropologie, la sociologie, la linguistique, philosophie, etc. sont de la science en tant processus de recherche des connaissances qui puissent aider à résoudre les multiples questions humaines et sociales auxquelles les êtres humains font face. Dire ceci reprend quasiment mot à mot ce que disait Jean Paul II (1981); la science en tant qu'elle est travail, devient aussi la clef, probablement la clef la plus essentielle, à toute la question sociale. Toute recherche scientifique dans ces domaines qui expliquent les multiples dimensions de l'être humain et de ses milieux familiaux, sociaux et environnementaux sont aussi du travail tout fait, comme les sont toutes les sciences naturelles.

Pris dans son ensemble, la science n'est pas important seulement, comme nous l'avions dit ci-haut, pour assurer à l'humanité sa prospérité et pour participer à l'humanisation perpétuelle de l'humanité mais aussi pour faire en sorte que cette prospérité et cette humanisation perpétuelle incarnent un progrès global et complet de l'homme ou, pour reprendre l'expression de Paul VI (1977), un progrès de tout homme et de tout l'homme. Ceci ne veut pas dire que la science ait un sens bien défini à suivre en soi. Les découvertes scientifiques peuvent servir au mal et pour s'en convaincre, il suffirait de penser à ce qui fut fait de la découverte de la radioactivité. Mais avouer que la science n'a pas un sens précis ne nie pas non plus que l'homme à toute la responsabilité de lui donner ce sens dont on a tant besoin. La science est donc ce travail neutre mais qui appelle à la responsabilité des personnes qui la pratiquent. Si l'on attend à ce que le travail des champs aide à nourrir les populations, il est tout aussi logique de s'attendre à ce que le sens que chacun donne à la science soit aussi positif. Donner du sens à son travail a toujours fait partie de la quête de tout travailleur. Il n'est pas de raison, bonne ou mauvaise, pour qu'il n'en soit pas ainsi pour ceux qui travaillent dans la science. Cela étant dit et la science étant logiquement reliée au travail en général, il convient de passer aux caractéristiques du travail scientifique. C'est ce qui se déploie à la suite de ce chapitre.

Parler du travail scientifique c'est admettre, *de facto*, que c'est un travail totalement différent. C'est d'ailleurs, comme toutes les autres formes de travail. Mais le travail scientifique se particularise par son caractère d'être d'abord un travail personnel. Le travail scientifique se particularise aussi par sa démarche que tous reconnaissons rigoureuse. Le travail scientifique a aussi peu d'intersections avec les autres types de travail par le fait qu'il soit toujours installé dans la durée. Il peut aussi paraitre parfois, si pas souvent, ingrat. Nous allons devoir passer en revue l'un après l'autre ce que l'on peut entendre de ces attributs. Mais au départ, il convient de noter que malgré cette série d'attributs austères, la science offre aussi du plaisir à ceux qui la font à fond. Ces plaisirs ne sont pas nécessairement et souvent pas du tout matériels mais plutôt de l'exaltation que procure le simple plaisir de savoir qu'on peut travailler à lever une minuscule part de la voile qui couvre nos yeux humains en retrouvant comment tel ou tel autre mécanisme naturel ou social fonctionnerait. C'est du plaisir vrai, cela donne de l'extase même. Pour s'en rendre compte, on pourrait rappeler ici le plaisir que tout néophyte de la science éprouve la première fois qu'elle (il) voit son nom paraitre sur un article scientifique sortant d'un journal bien reconnu mondialement. On peut aussi penser au sentiment d'assurance que tout scientifique sent quand elle (il) voit le fruit de ses nuits blanches sortir dans un journal comme Nature ou Science. C'est ce type de plaisir que Richard Feynman a voulu merveilleusement partager avec les générations futures dans un ouvrage qui en dit long : le plaisir de découvrir les choses. Ce livre donne une des raisons fondamentales qui poussent les meilleurs de scientifiques à travailler pendant de longues heures, au-delà des motivations altruistes et autres que nous donnons pour rendre la science plus humaniste aux yeux du public: c'est le plaisir extatique qui ne vient que du fait de savoir qu'on a pu connaitre quelque chose que quelqu'un d'autre ne connaissait pas trop bien avant soi.

Après avoir parlé de cette électrique extasie, on doit revenir sur la réalité du travail scientifique: c'est d'abord et avant tout un travail personnel. Par personnel, il convient d'entendre un travail qui demande de l'abnégation et de longues heures de travail. En effet, pour faire la science, on est sensé passer des heures solitaires en train de lire, d'essayer les idées, corriger les erreurs, ainsi de suite. Après chacun de ces cycles, on doit repartir de nouveau. Pour s'en faire une bonne idée, il suffit de prendre la partie finale d'une expérimentation qui consiste en la rédaction d'un article scientifique. La séquence rédaction-révision que cette partie demande engloutit tellement du temps et des efforts que plusieurs chercheurs finissent par ne plus publier les résultats de leurs expérimentations. Cette séquence rédaction-révision qui couvre la lecture des autres, la correction des erreurs, les resoumissions des révisions aux éditeurs et aux pairs, etc. est un moment tellement fou que l'on est souvent porté à sacrifier les petits moments de socialisation et de penser à d'autres possibles activités si on veut arriver au bout. Si la rédaction d'un article qui est la fin d'un long processus peut prendre autant de temps et demander autant de dévouement, on peut facilement comprendre que le temps que tout le processus de la recherche requiert aux scientifiques soit colossal. Il est, en réalité, si colossal que ceux de la société qui ne font pas partie de la pratique scientifique sont souvent amenés à croire que la science est un métier soit asocial ou carrément ésotérique. Faire de la science est et doit être un métier à part entière et à temps plein. C'est un métier qui prend plus du temps que des métiers comme agriculteurs, assureurs, bureaucrates, etc. Ceci ne veut pas dire que la science soit le métier le plus noble que les autres mais c'est seulement dire que le métier de la science demande plus et qu'il est plus exigeant. Dire que faire la science est d'abord un métier personnel et qu'il demande de longues heures solitaires ne veut pas dire que les scientifiques sont des hommes solitaires travaillant seuls pour leurs propres renommées. C'est là la dichotomie du caractère de vrais scientifiques: ils passent de longues heures d'isolement personnel pour travailler au sein d'un collectif fait des autres académiques. La science est, ainsi, paradoxalement un travail d'abnégation personnelle mais essentiellement collectif. Collectif, le travail scientifique l'est parce qu'elle doit rendre compte de plusieurs perspectives, comme il est dit au premier chapitre de cet ouvrage. Collectif, le travail scientifique l'est aussi par le fait de la vertu épistémique de la modestie comme elle est décrite au dernier chapitre de ce même livre. L'impression de la totale réclusion volontaire des scientifiques dans leurs laboratoires n'est de mise que pour ceux qui sont extérieurs au métier de la science. Les bons scientifiques travaillent toujours en collaboration entre eux. D'ailleurs, l'arrivée de l'Internet contribue paradoxalement à amplifier cette dichotomie tout en confirmant que le travail scientifique individuel se fait au sein d'une communauté. Au même moment que la connexion entre les scientifiques est devenue encore plus aisée que par le passé par l'entremise de l'Internet, les nouvelles technologies d'information font que l'isolement des scientifiques individuels devienne une voie royale par laquelle l'union entre les scientifiques éparpillés à travers le monde se fortifie. Les heures passées physiquement en isolation par des chercheurs individuels sont dédiées à la consolidation des relations avec le reste du monde scientifique.

Le travail scientifique c'est aussi un travail à une démarche rigoureuse. La rigueur dont il est question dans la science n'est pas seulement procédurale, comme on l'entend souvent. Elle va au-delà des procédures et se focalise autour de la relation avec les faits. La rigueur procédurale dont il est question est un héritage du Cartésianisme, même si nous avons vu qu'elle a évolué vers d'autres paradigmes. Elle est nécessaire mais ne suffit pas; elle doit être aussi et surtout épistémologique pour que la science soit science. La rigueur procédurale cartésienne est d'abord une exigence de la précision. Elle insiste sur le fait que les quantités à mesurer pendant la recherche soient métrées de la manière que les transcriptions des mesures correspondent le plus près de la réalité possible. Naturellement, l'idée de la précision métrique venant de la physique, dire que transcriptions les mesures correspondent le plus près de la réalité possible reconnait, implicitement, la notion d'erreurs. La reconnaissance de l'inhérence d'erreurs veut qu'on ne puisse pas être à même de mesurer exactement quoi que ce soit. Ceci est causé par le fait que les instruments de mesure sont, eux-mêmes, construits avec les erreurs et peuvent subir des modifications liées aux conditions des milieux de leur utilisation. En plus de cela, les sens des êtres humains sont tout autant truffés d'erreurs de perception sensuelle. La précision, comprise dans le cadre propre à la science, c'est plutôt un effort incessant vers la réduction de la marge entre les mesures et la réalité des faits. On sait que cette marge ne sera jamais nulle mais il faut à un scientifique de tout faire pour qu'elle soit la plus minimale possible. La rigueur scientifique sur le plan procédural est aussi fonction de la logique. La logique, il reste vrai, c'est fait des lois de l'usage de la raison. Logos, en effet et comme on l'a déjà vu, signifie raison. En exigeant de la logique, la science veut que les conclusions auxquelles les travaux scientifiques aboutissent soient issues d'un enchainement qui respecte les règles d'opérationnalité de la raison humaine globale. La science exige une clarté dans ses énoncés et demande que ces énoncés puissent être universellement compréhensibles par toute raison exercée. De ce fait, la science requiert aussi une concordance entre ces énoncés et la réalité des faits, dans les mêmes conditions de temps et d'espace. La rigueur en tant qu'appel à la logique demande aussi une cohérence. Sans pour autant tomber dans le cohérentisme comme seul critère de séparation entre la science et les autres modes de pensée, la méthode scientifique demande que les potentielles nouvelles théories scientifiques issues des investigations des scientifiques rendent comptes des théories précédentes que ces nouvelles théories sont censées réfuter. C'est cela la cohérence de l'argumentation. Cette demande se justifie parce que, comme le disait Maurois (1961), toute réflexion solide est, avant tout, réflexion sur la pensée des grands auteurs [du passé]. Cette exigence de cohérence insert la recherche scientifique dans un cadre plus grand que les quatre murs du laboratoire où se prennent les données sur tel ou tel autre phénomène. On peut y revoir le fait que le scientifique ne soit pas aussi solitaire qu'on le croit; il se trouve plutôt au croisement d'une multitude d'idées. Pour que les siennes soient scientifiques, il faut qu'elles soient cohérentes entre elles-mêmes, avec celles du passé et du présent, même si elles ne doivent pas répéter tout ce que tout le monde connait déjà. La cohérence ici va largement au-delà de la cohérence interne; elle est, par nature, le reflet du concret vrai dans la théorisation et de ce concret vrai dans l'ordre général des connaissances capables de résister aux assauts des autres expérimentations. Ceci nous ramène à la notion de falsifiabilité que nous avions discutée au premier chapitre de ce livre ainsi que celle de la fiabilité.

Le travail scientifique est aussi, par nature, un travail installé dans la durée. C'est peu dire que d'avouer que l'incertitude préside au départ de tout questionnement scientifique. On connait quand on commence une recherche sérieuse mais on ne connait jamais quand on aura des résultats. D'ailleurs on ne sait même jamais si, au final, on aura un résultat du tout. Entamer une recherche scientifique digne de ce nom c'est forcément la certitude de s'y installer longtemps dans le temps avec une incertitude certaine de parvenir aux résultats. Ce n'est pas parce qu'on veut que les choses se prolongent longtemps de manière inavouée mais parce que c'est la nature même de l'objet du travail scientifique. Exprimer les choses en ces termes peut poser les questions aux étudiants qui font les travaux de thèses doctorales ou les mémoires de licence ou de Maîtrise. Mais, à en dire vrai, ces étudiants ne devraient pas se poser des questions étant donné qu'en réalité, les travaux qu'ils font sont partie des plans de recherche à long terme des promoteurs de leurs thèses, mémoires ou autres dissertations. Si pour eux ces travaux sont inscrits dans perspectives à court terme, pour les enseignants, ils sont les travaux scientifiques inscrits dans la durée. En plus de cela, même s'ils font les travaux issus de leur propre initiative, ces travaux de fin d'études ne sont qu'une introduction, pour eux, à la pratique de la recherche. Beaucoup vont se limiter à ces prolégomènes de la science. Pour le peu de ces étudiants qui s'inscrivent dans la poursuite d'une carrière scientifique, la carrière leur apprend tout de suite après la thèse que la vie scientifique n'est pas une entreprise à courte vue. D'ailleurs la première preuve de cette affirmation vient toujours quand on veut publier sa thèse. Immédiatement, la thèse doit subir des révisions et d'autres corrections imposées par la revue des pairs au point que l'on se pose souvent la question comment une thèse pourtant acceptée peut demander encore trop de retouches. C'est ainsi que certaines universités demandent actuellement que les étudiants puissent faire en sorte que les parties de leurs thèses soient préalablement publiées comme articles avant de les mettre ensemble comme thèse.

Que le travail scientifique soit essentiellement une œuvre à longue durée peut, fondamentalement, s'expliquer de multiples manières. Il suffirait, dans ce cadre, d'évoquer premièrement les limites de nos capacités humaines à appréhender directement et immédiatement la nature. En fait, nous devons admettre que nos capacités de compréhension de la nature, malgré l'apparente extensionalité dont fait montre la nature humaine, ne sont pas illimitées. Elles sont, ces capacités, évolutives et s'adaptent à de nouvelles conditions et créent de nouvelles connaissances mais elles restent, à tout le moins, lentes à envahir et coloniser des nouveaux territoires du savoir. Secondement, il est tout aussi utile de rappeler que la nature et les relations entre différentes composantes de la nature sont assez complexes pour se dévoiler dès les premiers coups de pioche ou de marteau d'investigations scientifiques. Troisièmement, les fréquences de certains phénomènes naturels sont tellement longues qu'il faut attendre les décennies si pas même des siècles entiers pour arriver à observer les comportements et les faits sur certains phénomènes. Finalement, la nature n'est pas immuable, elle évolue avec le temps. Ceci fait que pour comprendre certains phénomènes mutables dans le temps demande que la recherche scientifique elle-même soit aussi dynamique et ait un parcours temporaire suffisamment long.

Le travail scientifique est aussi ingrat. C'est parfois, si pas souvent, le cas. On ne trouve pas toujours ce que l'on cherche. On peut arriver à ce cas de figure de plusieurs provenances. La plus aisée des provenances d'une telle probabilité est le fait de poser une mauvaise question. Naturellement, lorsque la question est mauvaise ou tout simplement trop générale, il ne sera pas facile de lui trouver un bon plan de recherche et les moyens de falsification. Même si la question est bonne et pointue, on peut ne pas arriver aux résultats si les moyens techniques disponibles ne sont pas à même de déceler le signal que l'on cherche. Il est aussi possible que la question soit la plus pointue que possible et que les moyens techniques disponibles soient les outils valables mais que l'on ne trouve pas tout de suite ce que l'on veut trouver. Ceci est tout simplement possible parce que les lois de la nature ne sont pas enfouies dans un endroit en attendant qu'un chercheur vienne les découvrir. C'est même cela une partie de la beauté de la recherche scientifique: le fait de savoir qu'on peut chercher et, pendant longtemps, sans nécessairement devoir trouver quoi que ce soit. Ne pas trouver quoi que ce soit peut paraître trop pénible, surtout après avoir passé beaucoup du temps et investi des efforts colossaux en ressources financières et autres. Mais il faut accepter le manque des résultats comme tout autre résultat. Évidemment, pour qu'on en arrive là, on doit avoir manqué à certains principes de base de la recherche scientifique. Notamment travailler en isoloir sans participer aux débats sur son domaine ou ne pas être capable de noter les tendances dans ses propres données. Mais l'ingratitude de la science ne devrait pas s'entendre seulement comme manque total des résultats. On peut aussi investir trop de son temps et des ressources disponibles pour trop peu de moissons. Ceci est souvent ce qui arrive dans la recherche des molécules pharmacologiques pour telle ou telle autre nouvelle forme de maladie. Cette ingratitude devrait, cependant, être facilement compréhensible et acceptable étant donné qu'on connait toujours que les enjambées à large portée ne sont pas dans la nature de la science elle-même. La science avance à petits pas. L'essentiel n'est pas de trouver tout et tout de suite mais de s'engager dans le chemin vers ces petits ajouts aux marées des connaissances déjà existantes. Que le travail scientifique soit aussi une entreprise ingrate, par nature, rappelle un caractère important que doivent avoir les scientifiques pour ne pas passer trop de temps pour n'aboutir qu'aux maigres résultats ou à rien du tout comme il vient d'être vu. Ce caractère c'est l'habilité scientifique. L'habilité c'est cette capacité que détient quelqu'un à faire quelque chose de manière adroite, avec adresse et ingéniosité. On ne nait pas habile mais on le devient. On acquiert l'habilité par la force de l'expérience. On se retrouve, encore une fois de plus, devant la règle de 10.000 heures dont on a parlé ci-haut. Donc, pour faire de la science, la meilleure école c'est la pratique scientifique elle-même. Car seule cette pratique vous rendra habile, donc scientifique. La science ne vient-elle pas, aussi, de *scientia* (ou connaissance, comme dit ci-haut) *qui, lui-même est issue* de *sciens* (*scientis)* qui, en dehors d'être traduit comme qui sait ou qui est instruit, signifie aussi être habile?

Mais, il faut aussi dire l'habilité s'apprend auprès de ceux qui maitrisent déjà une certaine technique. Ceci veut dire que la science doit aussi être transmise et de la manière la plus loyale, la plus altruiste et la plus élégante que possible. Les anciens, comme Socrate, Platon et Aristote, avaient cette culture de se faire suivre par les disciples auxquels ils ont transmis tout ce qu'ils possédaient dans les domaines de la connaissance. Sans les disciples et sans une transmission adéquate, certaines parts monumentales de ces connaissances des anciens maîtres seraient, aujourd'hui, totalement disparues. Ces anciens maîtres, avaient transmis magnifiquement ce qu'ils connaissaient afin que le feu de l'intellect humain ne puisse connaitre un ralentissement au fil des âges. La tradition académique, dans ce qu'elle a de noblesse, a repris cette idée en créant les chairs académiques qui ne sont qu'une manière de créer un noyau d'approfondissement de la recherche autour d'un maître qui doit transmettre son savoir et son habilité aux disciples qui l'entourent. C'est ainsi quand, par exemple, Stephan Hawking, prend la chair de Professeur Lucasien à l'Université de Cambridge en 1980, il reprend le flambeau de tous ceux qui l'ont précédé notamment les célébrissimes esprits comme Isaac Barrow, Isaac Newton et Paul Dirac. La mission confiée à ce type de chairs académique est la transmission du savoir, certes, mais surtout celle d'une manière de faire la science.

Il est dit dans ce livre qu'un des problèmes majeurs de la science en Afrique c'est l'enseignement des sciences dans son contenu et les méthodes dans lesquelles il est fait. Ce problème qui se justifie par le manque d'investissement public dans l'enseignement et celui d'un personnel suffisamment qualifié se dédouble d'un autre problème épistémologique majeur qui est le manque de volonté de la part de peu d'enseignants qualifiés de transmettre cette habilité de faire la science. En effet, il est courant de se retrouver devant des vrais scientifiques Africains qui ne veulent pas du tout partager le peu qu'ils connaissent; la plupart préfèrent rester seuls dans leurs domaines d'expertise. Les raisons sont nombreuses et difficiles à appréhender. Il est hors contexte de revenir à toutes ces raisons dans le cadre de ce livre. Toutefois, il serait illuminant de voir dans ce manque obstiné de la volonté de transmettre aux jeunes générations les résurgences de la notion du pouvoir dans les traditions africaines et la mystification sans raison du savoir.

On a vu que la recherche scientifique n'a pas un sens à elle-même mais que ce sont les sociétés qui doivent lui en attribuer un. Ce sens à attribuer au travail scientifique doit venir, au final, par la reconnaissance que le travail scientifique est aussi un travail comme tout autre travail. Il a pour but ultime de rendre la vie de la personne humaine plus heureuse. Il n'y a pas un problème de l'avouer: la noble vocation de recherche scientifique est d'arracher les vies humaines de l'emprise des aléas de nature. C'est en cela qu'Emmanuel Kant définissait l'histoire comme l'acte de la raison sur la nature. Il n'est pas question ici de soustraire la personne humaine de la nature comme pourrait le suggérer la force sémantique du verbe arracher que je viens d'utiliser mais de lui permettre de vivre dans la nature sans devoir payer un prix trop élevé. Ainsi, la science est un travail qui doit s'inscrire dans la définition générale du travail et dans les objectifs de celui-ci. La science, comme partie de l'évolution de l'histoire de l'humanité, encore une fois, fait partie de la question sociale.

La science fait partie de la question sociale car celle-ci, tout comme le travail au sens générique, se centre autour l'ennoblissement de l'espèce humaine. Elle est vue comme le processus par lequel l'humanité devrait s'affranchir des conditions ardues que la nature impose à toutes les espèces. L'intellect humain doit jouer son rôle en faisant en sorte que les personnes humaines ne subissent pas brutalement et de manière frontale les affres de la nature. Le même intellect humain doit aussi assurer que l'usage par l'être humain de la nature soit le plus judicieux que possible afin que les équilibres qui maintiennent la vie sur terre restent stables. Empêcher que les personnes humaines ne subissent brutalement et de manière frontale les affres de la nature est ce qui justifie l'attraction que le mythe de Prométhée exerce sur les consciences humaines modernes et du passé. Comme on le sait, Prométhée est ce Titan qui eut le courage de dérober le feu aux dieux. On connait l'impact qu'a eu le feu sur l'évolution de l'espèce humaine, d'abord, dans sa propre constitution, comme le suggère Richard Wrangham (2010). Ensuite, depuis des temps perdus, l'acte de Prométhée est perçu comme le début de la maitrise par l'espèce humaine de l'énergie et de la métallurgie, donc de l'industrialisation. On voit, sans que cela fasse l'objet d'une pérégrination mentale trop longue, l'importance de l'énergie telle que nous la connaissons aujourd'hui. Donc, la science doit aider l'espèce humaine à devenir sans cesse meilleure en utilisant à bon escient les forces et autres atouts naturels. Un chercheur est ce nouveau Prométhée qui doit arracher à la nature le secret de ce qu'il faut pour que les humains ne puissent pas continuer à souffrir. Naturellement, cela doit se faire sans nuire au bon fonctionnement de l'ensemble du système naturel et toutes les formes d'équilibres déjà réalisés par la nature sans l'intervention de la raison humaine.

Arracher à la nature le secret de ce qu'il faut pour que les humains ne puissent pas continuer à souffrir questionne certainement certains pays et, plus particulièrement, les chercheurs Africains. Car on peut y voir une relation évidente entre la science et le développement des nations. La science a présidé à l'accélération du développement des pays occidentaux depuis le 18eme Siècle en introduisant l'industrialisation en Grande Bretagne. L'avènement de l'industrialisation, fruit de la maitrise de nouvelles formes d'énergie, notamment la vapeur et le charbon, a suscité de volumineux, soyeux et voluptueux espoirs. Car la machine, disait-on, libérera l'homme. A l'évidence, les nations qui ont suivi ce chemin ont vu les conditions de vie de leurs citoyens largement tirées vers un bonheur matériel et général sans équivalence dans l'histoire de l'humanité. Si on se fie aux propos des historiens de l'économie, jusqu'approximativement au moment où l'industrialisation prenait essor en occident, les revenues par habitant furent sensiblement similaires entre différentes parties du monde (Dasgupta 2007). La séparation économique des nations au début du 19eme Siècle s'expliquerait par l'apparition de nouvelles idées et leur propagation à travers les pays occidentaux. On peut, sans peine voir la marque de la science dans la différentiation entre les niveaux de développement et entre les différents continents. Ainsi, si l'Afrique est moins avancée sur le plan économique, c'est forcément lié aux manques criants de bons scientifiques en nombre suffisant, à la mauvaise manière de transmettre la science et au peu d'intérêt porté à l'enseignement et à la diffusion de nouvelles idées. Ce sont là les blocages épistémologiques qui empêchent l'émergence d'une science libératrice pour l'Afrique. Ce que les Africains doivent faire pour briser les murs entre lesquels ploient les milliers de leurs compatriotes c'est admettre que la raison n'est pas qu'hellène, comme l'aurait voulu Senghor; elle est universelle. On peut aussi dire la même chose de l'émotion qui n'est pas l'apanage des Africains; elle est humaine. Comme elle l'a fait pour les pays occidentaux, la science présidera aussi à l'essor du développement des pays Africains.

C'est largement à partir des réalisations scientifiques via l'industrialisation continue que le monde a pu commencer, au début du 20eme Siècle, à évoquer les notions comme l'humanisme moderne. Dans ses lettres de noblesse, l'humanisme moderne est un courant philosophique qui veut que la science et la raison, la démocratie et la compassion (Virard 2009) soient au cœur du développement humain. On sait que certains de ces idéalismes et professions de foi sur la capacité de la science et la raison à faire avancer la démocratie et la compassion entre les humains n'ont pas été suivies d'effets escomptés. Certes, on entend partout maintenant que la machine a avili la personne humaine. Et, il y a de bonnes raisons de le dire. Simone de Beauvoir disait déjà en 1966 que la technique avait écrasé et abêti l'homme. Toutefois, on doit reconnaitre que globalement, les apports de la science, et de la technologie qui en est un pendant visible, ont considérablement et de manière globale, changé la vie des êtres vivants pour le meilleur. On peut discuter sur l'asservissement intellectuel, moral et autre. On discute aujourd'hui de la place de l'être humain dans une société largement automatisée où les machines vont faire le travail jadis exécuté par les femmes et des hommes. Il est normal que l'on puisse s'inquiéter de l'impact de l'être humain sur la planète et sur la vie en général car on est, en ce moment, au-delà des seuils du tolérable. Mais personne ne questionne le bienfait de la découverte des antibiotiques, par exemple. C'est dans ceci que l'on peut franchement avouer que la science contribue à la réponse à la question sociale, celle qui consiste à ennoblir l'espèce humaine de manière perpétuelle. En ceci, on peut aussi avouer franchement que les sociétés Africaines, malgré l'actuelle éphorie des croissances macroéconomiques performantes, restent encore largement en dessous des attentes humanistes dont il est question ci-dessus faute d'avoir pris en considération l'importance de la science dans leurs schémas de développement. En résumé, il n'est pas du tout fallacieux de dire que parce que la science a été et continue à être mal enseignée en Afrique que les Africains sont incapables d'atteindre le même niveau de développement que les autres parties de notre planète terre. On n'a qu'à regarder les choses sérieusement pour s'en convaincre. Mais parler de l'enseignement de la science n'est en rien l'équivalent de la distribution des diplômes universitaires. Ceux-ci sont largement distribués pour de maigres résultats. Les raisons en sont multiples mais il est hors de ce cadre d'y revenir car il y a des travaux scientifiques beaucoup plus fouillés qui parlent de cette relation entre la science, la technologie et le retard du continent Africain.

Chapitre 3
Ethique et la recherche scientifique

Ce chapitre aborde les questions relatives aux comportements attendus des femmes et des hommes travaillant dans la recherche scientifique. Il en rappelle certains fondements éthiques. Dans un premier mouvement, le chapitre donner certains principes fondamentaux de l'éthique dans la recherche scientifique. Il aborde, tours à tours, les exigences éthiques quand la recherche se conduit sur les êtres humains, l'environnement et les animaux. Ensuite, le chapitre traite de la question de la reconnaissance des droits des autres catégories de gens impliquées dans la recherche scientifique et finit par la question de la responsabilité sociale du chercheur. Les paragraphes qui suivent parlent de l'éthique dans la recherche scientifique dans deux sens. Le premier sens concerne ce qui est exigé des chercheurs quand ils sont en train de travailler. Ceci est important car non seulement la recherche scientifique fait partie du travail, comme nous l'avons dit au chapitre 2 mais, aussi et surtout, parce que la science est une œuvre sociale. Comme on le reconnait volontiers, toute œuvre sociale a besoin d'une éthique. Le second sens est celle de la place de la recherche en général vis-à-vis de la société. Certes, comme il vient d'être dit, la science étant une œuvre sociale, parmi les plus excellentes, il convient, donc, dans une œuvre qui parle de la science que l'on ressorte l'emprise que la science a sur les sociétés humaines et ce que celles-ci attendent d'elles.

Le premier principe fondamental duquel toute éthique de recherche part est toujours nécessairement de la maxime éthique de '*toujours traiter l'homme comme une fin en soi et non comme un moyen pour atteindre d'autres buts aussi louables que ces buts puissent paraitre*.' Ce principe se trouve dans plusieurs travaux d'éthique et s'enracine principalement dans l'éthique d'Emmanuel Kant et peut se justifier de trois manières principales. Premièrement, comme le disait Kant, on ne doit faire à quelqu'un que ce que nous accepterions qu'il nous soit fait. Clairement, personne ne voudrait qu'il soit traité comme un moyen pour atteindre un but donné. Secondement, comme dit Dworking (1993), nous attribuons de la valeur à tout ce qui prend longtemps à venir vers l'existence totale. La personne humaine a pris longtemps à émerger au cours de l'évolution. D'ailleurs, l'espèce humaine est le dernier fruit de la lente évolution de la biodiversité. Ainsi, la personne humaine a une valeur intrinsèque qui nous demande de le traiter différemment qu'un quelconque objet. C'est ce que l'on appelle la sacralité séculière de la personne humaine. Finalement, on peut justifier cette maxime en faisant appel à l'argument religieux (il n'y a du mal en ceci) qui veut que la personne humaine soit l'image du créateur et que pour ce faire il ne devrait pas se faire traiter comme un moyen. C'est la sacralité religieuse de la personne humaine.

Ce principe veut d'abord dire, de manière peu détournée, que quelle que soit l'importance de l'étude, la personne humaine ne doit pas être l'objet d'une expérimentation scientifique. Certes, ceci rappelle d'interminables discussions sur la question de savoir si expérimenter sur la personne humaine pour sauver l'humanité ne serait pas une bonne chose et, donc, acceptable. Lorsqu'on pose la question de travailler sur l'embryon humain, c'est sur ce principe que l'on veut y revenir. Aussi, toutes les précautions qui devraient entourer les tests de toute nouvelle molécule chimique pouvant servir de médicament sont issues de ce même principe. Dans l'ensemble, les discussions autour de ce principe et dans ce premier entendement sont en consensus qu'il s'agit d'une question fondamentale et qu'on ne devrait pas consciemment, au nom de la science, manipuler l'embryon humain, par exemple, lorsque celui-ci aurait atteint un degré de conscience humaine suffisante pour que l'action de la recherche fasse male. Naturellement, le seuil de cette conscience continue à faire l'objet des débats mais, pour l'essentiel, tout le monde est d'accord qu'il ne faille pas briser ce seuil. Le même consensus scientifique et social émerge aussi sur la question de tests de nouvelles molécules : il ne faut pas tester les nouvelles molécules directement sur les êtres humains lorsqu'on ne sait pas encore les possibles effets secondaires.

Dans un second moment, la maxime de toujours traiter l'homme comme une fin en soi et non comme un moyen pour atteindre d'autres buts veut aussi dire qu'il ne faille pas manœuvrer avec les consciences des êtres humains pour obtenir les réponses que l'on veut pendant une session de recherche. Autrement dit, il ne faut pas forcer les gens à répondre à vos questions. Par forcer, il ne s'agit pas que de la force physique uniquement mais toute autre forme de force. User de sa position d'autorité, acheter les réponses ou même camoufler ses réelles intentions tombent dans ce cas. On peut voir ici la situation générale avec les sciences humaines et sociales qui passent par les enquêtes. Souvent les chercheurs se sentent accablés par le manque de progrès et peuvent être tentés de passer en force pour obtenir du progrès. Il n'est pas bon de le faire, même si on a pris trop de temps sans obtenir ce que l'on cherche. Car l'éthique de la recherche dans tous ces domaines se base sur le principe de consentement libre, préalable et éclairé des personnes participant aux études de ce genre. Le consentement libre, préalable et éclairé ne veut pas dire avoir les bouts de papiers signés par les personnes participants aux recherches après des réunions d'information réalisées en présence d'un chef coutumier, par exemple. Ce dernier a certainement une relation d'autorité vis-à-vis de ses administrés.

Ce n'est pas non plus un accord verbal obtenu après une discussion autour d'un pot de vin ou d'un casier des bières. Le consentement libre, préalable et éclairé n'est pas dans toutes ces formes de subterfuges. Au contraire, le consentement libre, préalable et éclairé se base sur trois principes fondamentaux de l'éthique. D'abord la liberté qui suppose avant tour d'être en possession de tous ses moyens mentaux et psychiques afin de prendre des décisions conscientes. Il faut se rendre compte ici que la liberté suppose aussi la majorité au sens juridique du mot. Ensuite, ce principe s'adresse aux personnes qui sont en capacité d'être éclairé. Ceci veut dire que les personnes desquelles on veut obtenir ce consentement doivent être en possession de la vraie information et de toute l'information nécessaire. Ces personnes enquêtées doivent aussi être capables de digérer l'information qu'on leur a transmise sur l'objet de la recherche. En plus, ces personnes doivent être en mesure d'appréhender les informations qui leur sont fournies de manière adéquate. Donc, il est obligatoire que les scientifiques préparent l'information à partager de telle manière qu'elle soit digestible par les personnes auxquelles elle est destinée. Finalement, ce consentement ne doit pas venir après; elle doit précéder l'investigation. C'est en cela qu'il est forcément préalable.

Comme dit au chapitre 2, une recherche qui n'est pas publiée n'est pas scientifique quelle qu'en soit son importance. Il est heureux de dire ici que le processus aboutissant aux publications scientifiques ne s'occupe pas que du contenu de la recherche (méthodes, résultats et efforts de théorisation) mais aussi des questions éthiques. Et les questions ci-haut y occupent une place trop importante. Tous les canaux sérieux de publication actuels posent les questions sur les possibles manipulations des humains dans un sens tout comme dans l'autre des entendements du principe de *'toujours traiter l'homme comme une fin en soi et non comme un moyen pour atteindre d'autres buts aussi louables que ces buts puissent paraitre*' tels que donnés précédemment. On pourrait justifier ce principe par l'émergence de la conscience globale de l'importance de l'écologie que nous allons discuter à la fin du chapitre 4. Principalement, on peut faire appel à notion de Gaia de James Lovelock selon laquelle la terre, dans ses multiples composantes et chacune de ces composantes avec ses fonctions respectives, se comporterait comme un être vivant.

Les extensions de ce principe embrassent le devoir de toujours traiter l''environnement et toutes ses composantes de manière à ce que tout impact que causerait l'être humain soit le plus minimal et réversible possible. Dans un sens plus général, ce principe fait appel à la conscience écologique globale et demande que les scientifiques puissent faire un effort accru pour éviter la destruction des écosystèmes, des habitats et des organismes vivants sur lesquels ils seraient en train de travailler. Ainsi, on devrait minimiser, par exemple d'ouvrir des boulevards dans la forêt en fauchant inutilement des arbres et arbustes lors d'une étude de la biodiversité. Collecter les plantes entières de leurs environnements naturels ne serait pas, non plus, utile et, par ricochet, pas éthique du tout car cela équivaudrait à donner la mort sans raison. Dans un sens plus restreint, lorsqu'on travaille sur les animaux, l'éthique dans la recherche scientifique oblige que soit pris en compte la notion des droits des animaux. Certes, les discussions continuent encore sur l'étendue que peut occuper les droits des animaux au milieu de l'arsenal juridique global. Mais tout scientifique sérieux est conscient du fait de l'existence de ces droits. Ces droits sont fondés sur la reconnaissance que les animaux ont des besoins fondamentaux (se nourrir, se déplacer, se reproduire). Ces besoins fondamentaux des animaux justifieraient qu'il leur soit accordé les droits et de respecter ces droits. Car la capacité cognitive animale est d'un niveau suffisamment avancé et complexe. En plus, le fait que les animaux soient capables de sentiments ajouterait à ces droits de répondre à leurs besoins fondamentaux, celui consistant à leur éviter de la souffrance. Ainsi, l'éthique dans la recherche scientifique exige que lorsqu'on travaille sur les animaux, qu'il leur soit reconnu la possibilité de se nourrir, de se déplacer et de se reproduire. Lorsqu'on manipule les animaux aux laboratoires, on doit tout faire pour éviter de leur infliger de la souffrance. Ce n'est pas l'objectif de ce chapitre de revenir sur les détails sur comment cela se ferait ou discuter du seuil de ce qui s'appellerait souffrance. Les débats sont souvent houleux sur les détails de ces principes; il n'est pas question de le nier. L'idée est de présenter en grandes lignes le cadre éthique global guidant la recherche scientifique. Ce qu'il faut dire ici, cependant, est que les scientifiques les plus sérieux traitent les animaux de manière suffisamment plus à même de respecter l'esprit du prescrit de ne pas infliger de la souffrance inutilement aux animaux. Les protocoles des laboratoires les plus sérieux et les exigences des journaux les plus en vue sont souvent remplis de détails de ces exigences éthiques au point de les rendre parfois difficilement compréhensibles. Par contre, il reste encore beaucoup de choses à faire pour prévenir d'éventuelles désastreuses conséquences de la recherche sur habitats et les plantes. On ne voit presque jamais explicitement une demande d'un journal sérieux sur les effets de la recherche sur l'habitat dans lequel la recherche à publier se serait exécutée. Le slogan de Sierra Club d'après lequel on ne devrait laisser dans l'habitat que les empreintes de pieds et ne prendre que les données est loin de devenir une réalité. D'ailleurs parfois les données à emporter sont souvent des plantes constituant l'habitat lui-même. Il existe, certes, les protocoles de la convention internationale sur le commerce d'espèces menacées d'extinction portant sur les plantes et, pour nuancer les propos ci-haut sur les journaux sérieux, les demandes éthiques de cette convention sur les plantes font souvent objet d'un check techniques. Mais toujours est-il que les émotions que soulèveraient un cas d'abus sur un petit singe n'ont pas encore d'équivalent pour les plantes.

Le troisième principe important qui guide la recherche scientifique est '*rendez à César ce qui est à César et à vous ce qui est à vous*'. Comme on le comprend immédiatement, il s'agit de la grande question du droit d'auteur. Ce principe se justifie sur trois faits essentiels. Primitivement, comme nous l'avions dit au chapitre 1, nous travaillons toujours sur ce que les autres ont fait avant nous. De manière plate, ne pas reconnaitre le travail fait par le passé et par les autres c'est tout simplement du vol intellectuel: c'est ce qui est connu plus communément comme plagiat. Il n'est moralement pas bon de prendre quelque chose qui ne vous appartient pas sans demander la permission. Le faire, c'est cela qui se nomme vol. Dans la recherche scientifique, on ne vous demande pas forcément d'obtenir une permission; cela fait partie de la tradition scientifique aussi. Mais on vous exige une reconnaissance en bonne et due forme. Ce qui veut dire une reconnaissance pleine et ouverte et dans la mesure de ce que vous empruntez des autres. Secundo, nous obtenons souvent les informations qui sont possédées par les femmes et les hommes qui ne peuvent pas formater leurs informations et les transcrire en langage scientifique. Nous devons le reconnaitre, sinon nous traitons ces femmes et ces hommes comme les moyens pour atteindre nos propres buts. Tertio, tout travail scientifique sérieux est un effort collectif où chaque membre de l'équipe contribue à sa hauteur. De manière terre à terre, ne pas reconnaitre la part du travail des autres c'est aussi tout simplement du maraudage intellectuel. Il n'est pas moralement bon de voler; car voler le fruit de l'effort des autres dans la science c'est la même chose que voler n'importe quoi.

Alors que la première justification renvoie au problème classique de copier l'œuvre de quelqu'un sans le citer de manière claire et sans encombre, la seconde justification pose un le problème général consistant à se poser la question, comment l'exclame Smith (2012): *'à qui le droit d'auteur?'* C'est grâce à l'émergence de la conscience collective issue de l'irruption de l'écologie comme connaissance globale que cette question, plus troublante qu'elle ne parait à première vue, s'est propulsée au-devant de la scène académique. Historiquement, les chercheurs partaient vers les contrées complètement recluses des courants de grandes idées et y collectaient les données en utilisant les collecteurs des données natifs de sociétés restées encore en marge de la conscience scientifique globale. Ces chercheurs revenaient et publiaient les connaissances obtenues sans nécessairement faire référence à celles ou ceux qui leur auraient aidé à obtenir les données ou mêmes celles ou ceux qui leur auraient tout simplement transmis leurs propres savoirs. Pendant longtemps, cela ne posait pas de problème. Actuellement, comme le dit Smith (2012), cette question du droit de reconnaissance des sources orales et de la part du travail des collecteurs natifs de données ne saurait plus être superbement ignorée car les communautés réclament qu'elles soient reconnues comme les vraies génératrices des savoirs, certes orales, qu'elles transmettent aux chercheurs. Peuvent-elles (ces communautés) mériter le qualificatif d'auteurs pour obtenir les droits d'auteur? Smith (2012) y répond par l'affirmatif sans nécessairement y donner les modalités de comment s'y prendre étant donné que ces savoirs ancestraux dont il est question sont, dans la plupart des cas, devenus populaires et appartiennent à des communautés entières. Quant à la troisième justification, les journaux scientifiques sérieux y tiennent compte actuellement en demandant que soient exposés clairement le degré de contribution de chaque co-auteur. En effet, le principe '*rendez à César ce qui est à César et à vous ce qui est à vous*' veut aussi dire qu'il ne faut pas rendre à autrui ce qui ne lui appartient pas. Donc, on ne doit pas inclure les gens qui n'ont pas suffisamment contribué dans une recherche et leur octroyer un mérite qui ne leur revient pas. Malheureusement, on voit souvent les auteurs qui n'ont rien fait apparaitre sur les publications pour des raisons parfois totalement obscures.

Le quatrième principe éthique dans la recherche scientifique est celui de la question de responsabilité sociale des scientifiques. Ce principe est justifié par deux raisons fondamentales. La première raison est que la recherche scientifique est un produit des moyens que la communauté met en disposition des scientifiques. De ce point de vue, ces derniers doivent rendre compte. La seconde raison est que la science confère un prestige social parfois démesuré aux scientifiques au point que ceux-ci peuvent changer la direction que toute une communauté humaine peut prendre au cours de son histoire. Ce prestige lui-même ne vient pas du néant car on reconnaitra vite que le savoir a un pouvoir extraordinaire. Le savoir est un pouvoir ahurissant. Dans un premier temps, le principe de la responsabilité sociale des scientifiques veut que ceux-ci servent des éclaireurs dans une société afin de guider la société humaine vers les lendemains sans cesse meilleurs. On revoit ici la mission de la science comme elle est précisée par Oscar Wilde comme nous l'avions vu au chapitre 1 de ce livre et consistant à en appeler à la science pour que la société se remette dans le droit chemin en prenant le chemin exempt des émotions. On attend des scientifiques affirmés de nous mener vers une société apurée non seulement de la souffrance mais aussi de l'obscurité. C'est la mission confiée aux intellectuels par le rêve des années des lumières. Georg Wilhelm Friedrich Hegel, il est devenu plus que populaire de le dire, et avait raison: la philosophie est comme la chouette de Minerva qui ne prend de l'envol qu'au début du crépuscule. C'est quand les ténèbres plongent les pays et les nations dans une dormance sans motif valable que les voix de la connaissance sont les plus attendues par la masse populaire. Cette responsabilité sociale est très grave. Il est presque certain que la plupart de chercheurs par défaut ne prennent pas vraiment la mesure de cette lourde responsabilité. Mais tout scientifique sérieux en sent le poids. C'est le moment indiqué de revenir sur la question du retard pris par l'Afrique par rapport aux autres continents et réaffirmer que ce retard est causé par le manque des scientifiques, au vrai sens du mot, ou mieux de l'insuffisance des vrais scientifiques et des intellectuels. Autrement on serait amené à se poser la question pourquoi ils ne servent pas de chouette de Minerva pour réveiller les consciences populaires endormies.

Dans un second temps, et en relation au point que nous venons de voir, parce que les scientifiques ont le prestige social que leur confère leur état de scientifique et parce qu'ils sont ceux de qui on attend la direction quand arrive le crépuscule, pour reprendre l'image de Hegel, les résultats des cogitations de ce groupe restreint des citoyens de la terre doivent être minutieusement rendues publics. La communication des scientifiques a une importance tellement critique qu'il n'est pas du tout exagéré de dire qu'elle peut conduire à un meurtre collectif ou à un salut commun. On devrait, en appui à cette affirmation qui peut paraitre trop forte, se rappeler du cas de Martin Heidegger et son engagement public, qui culmine en 11 Novembre 1933 à Leipzig, lorsqu'il fait sa profession de foi au mouvement d'Adolf Hitler de national-socialisme. On en connait les implications dans l'Histoire de l'humanité. Si Martin Heidegger s'était opposé à Adolphe Hitler, on n'est pas sûr ce que le comportement de ce dernier aurait été; on n'a pas malheureusement les moyens de le projeter. Par contre, on sait qu'Adolphe Hitler a vu dans le soutien d'un prestigieux académique la justification rationnelle de sa morbide entreprise. Ceci rend la parole et la position des académiques et de tout intellectuel suffisamment importantes. Il faut que tout intellectuel puisse chaque fois réfléchir avant de prendre position publiquement en matière sociale. Ce n'est pas que les scientifiques soient les super-citoyens de la terre mais c'est tout simplement dire que la noblesse que leur confère leur métier les y oblige. La vieille maxime selon laquelle la science sans conscience n'est que ruine de l'âme se retrouve ici dans ses lettres les plus élevées possibles. La science est une œuvre trop importante pour que ses retombées soient laissées entre les mains socialement inexpertes. Quoi que nous ayons vu que la science n'a pas un sens donné, ce qui implique seulement que la science peut aller d'un côté tout comme de l'autre, c'est aux êtres humains qui la pratiquent de lui insuffler l'esprit positif. Aux connaisseurs de la société il revient de lui attribuer un cadre social qui lui imprime du sens que la communauté attend d'elle.

Dans un dernier temps, la notion de la responsabilité sociale des scientifiques voit la question du partage des résultats de la recherche scientifique. En effet, dans le cadre des études faites dans les communautés humaines, il est moralement sain que les résultats obtenus soient partagés avec celles et ceux qui ont contribué à les produire. En second lieu, la notion d'après laquelle la science est fruit des efforts collectifs de la société globale veut que les résultats de ces efforts scientifiques soient aussi du domaine public. La science est un bien qui a tellement de la valeur pour qu'elle soit vendue avec une valeur fiduciaire. Ce n'est pas suggérer, ici, que le scientifique ne puisse pas vivre de son travail mais que le travail scientifique soit reconnu comme un travail public et qu'il nourrisse le scientifique par les moyens publics afin que les résultats bénéficient à la communauté. On revoit, en arrière fond, une sorte de proposition de solution à toute la querelle entre les grandes entreprises chimiques et autres avec les patentes qui privent souvent les pans entiers de l'humanité des résultats de la recherche scientifique pour des raisons essentiellement mercantiles et financières.

Le sixième principe de l'éthique scientifique est *la sacralité des faits*. Ce principe décrit le rapport entre les scientifiques et la vérité et la transcription des informations. Certes, ce problème est le plus important tout comme il est aussi un des problèmes scientifiques les plus complexes. Le rapport entre le chercheur et les faits, les observations ou les informations doit être compris dans le contexte de toute la personnalité du chercheur. La totale personnalité du chercheur comprend ce qu'il porte en elle (lui) comme héritages, les limites de ses pouvoirs perceptifs et le biais naturels qui guident ses instincts humains. Sans devoir revenir sur ce qui a été dit sur les perspectives, les limites des capacités cérébrales humaines imposent qu'il restera toujours cette distance entre la connaissance totale de l'humanité entière et la vérité. Cela dit, les scientifiques doivent toujours faire le nécessaire pour que les faits soient protégés de toutes les perspectives closes et des analyses ostensiblement aliénées par les intérêts particuliers ou des orientations préconçues pour soutenir une cause. La note introduite sur l'apport de Martin Heidegger est aussi un problème de la sacralité des faits. Tout intellectuels qu'ils sont, les scientifiques sont, après tout, les humains et la tentation ne peut être que trop grande pour qu'ils se prononcent sur les problèmes sociaux les plus importants de leurs sociétés et de leurs temps. Le faire n'a rien de sacrilège mais seulement que cela relève des opinions personnelles. Toute société démocratique se construit sur les opinions de la majorité en assurant la protection des opinions minoritaires mais ces opinions ne doivent pas être prises pour les faits scientifiques. Elles peuvent même aller vers le contraire de ce que prouvent les faits. Ceci est possible lorsqu'on se rappelle que le ciment de la cohésion sociale dans plusieurs sociétés est fait des mythologies, comme nous l'avions vu au chapitre premier de ce livre. L'exigence morale faite aux scientifiques est, alors, de garder la séparation nette entre leurs opinions, peu importe leur degrés de compatibilité sociale, et les faits scientifiques. La sacralisation des faits ici veut dire que la distance qui sépare les de la vérité soit toujours prise en compte et que lorsque les choses sont de l'ordre du sentiment, qu'elles soient présentées en tant que telles. Les scientifiques, pas plus que tous les autres humains, ne devraient pas embellir leurs penchants personnels avec les couleurs de leurs diplômes académiques et des positions qu'ils occupent dans l'académie et du prestige social que ces positions leur procurent.

La question qui se poserait à tous est de savoir quel fait doit être considéré comme sacré et quel autre fait est moins sacré? Le travail de Karl Popper a eu le mérite de nous tracer cette limite: le fait scientifique est sacré tant qu'il répond aux critères de falsifiabilité. Tout ce qui n'y rentre pas reste hors du domaine sacré du savoir. En claire, la demande éthique d'observer la sacralité des faits oblige les scientifiques d'avoir constamment la conscience de la fiabilité des faits, comme la résistance à l'usure du temps. On devra toujours se poser la question si les faits que les scientifiques reportent pourraient résister à la critique des pairs et si oui, pendant combien de temps. Les commentaires qu'ils font (les chercheurs) lors de leurs efforts the théorisation peuvent varier mais les faits doivent rester capables de subir tout autre piochage scientifique et se révéler, à tout le moins, similaires au fils de temps. Ici, on devrait revenir sur une vieille exigence des traditions scientifiques consistant à demander que les méthodes de recherche soient les plus clairement exposées que possible afin de permettre la répétition de l'expérience par d'autres scientifiques. Cette exigence a, au fond de la pensée, la notion de vérification si les faits, tels qu'ils sont relatés, conservent leur sacralité. La même exigence sur la claire exposition des méthodes s'applique aussi sur les conditions du travail. D'ailleurs, pour certains journaux scientifiques, les conditions (environnementales, climatiques, etc.) dans lesquelles l'expérience a lieu font partie du processus de description des méthodes. De nos jours un pas a été franchi par certains journaux scientifiques en exigeant que les données brutes soient mises à la disposition du public afin que, le cas échéant, de contre-analyses y soient opérées. C'est un effort important dans le sens de la protection de la sacralité des faits. Ceci est d'autant plus important qu'avec l'évolution de la technologie les données peuvent être facilement manipulées à volonté pour soutenir des faits contraires aux résultats des expériences qui peuvent être, pourtant, sophistiquées.

Chapitre 4
Appel aux vertus épistémiques

Nous sommes au point de chute de ce livre. C'est ici que ballade intellectuelle précédente se conclut. Cette partie du livre fait un appel aux vertus épistémiques pour rendre le travail de la recherche encore plus ennoblissant pour les chercheurs eux-mêmes et l'humanité dans son ensemble. Particulièrement, cette fin du livre insiste, de manière aigüe, sur la modestie. Celle-ci est perçue comme caractéristique essentiel de tout vrai scientifique. Cela reste totalement vrai étant donné que la modestie ne s'offre pas gratuitement à l'esprit humain, elle est plutôt dictée par la reconnaissance par cet esprit humain de l'immensité de la nature et de la raison globale. En effet, c'est mis devant cette l'immensité de la nature et de la raison globale et en comparant cela avec la petitesse de ce que nous croyons être en notre possession de ces deux réalités que nous sentons un appel à baisser nos prétentions. Cette immensité de l'immanence de la nature extérieure à l'être humain s'impose et, pour peu qu'on en est réellement conscient, commande une conduite de moins en moins pompeuse. La même immensité immanente de la nature dans laquelle l'être humain se voit plongé ordonne, au final, que l'œuvre humaine soit de plus en plus respectueuse de l'environnement. Respecter l'environnement veut aussi dire prendre en compte l'existence de l'autre dans son humanité. Cet autre n'est pas nécessairement la personne avec laquelle on partage le quartier ou un immeuble ou même un pays. Cet autre c'est aussi tout citoyen du monde, vivant dans notre actualité ou dans le futur. Bref, la condition sine qua non au progrès intégral de notre nature comme humanité, c'est le retour à la reconnaissance de nos limites au milieu de la multitude des opportunités et celle des exigences. C'est cela, l'effet de la modestie que nous allons discuter en long et en large ci-dessus. Le chapitre ne va pas se limiter à la discussion sur la modestie mais va aussi aborder d'autres vertus épistémiques. A la fin, le chapitre examine aussi les liens entre toutes ces vertus mais en référence avec les avancées qualitatives de la science.

Parler de se réveiller tôt, travailler beaucoup et souvent plus que les autres, être organisé et être discipliné, comme nous l'avions fait dans un chapitre précédent de ce livre nous projetait dans les domaines des caractéristiques des hommes de science. Mais, il restait alors vrai aussi que se réveiller tôt, travailler beaucoup et souvent plus que les autres, être organisé et être discipliné ne sont pas nécessairement particulières aux scientifiques exclusivement. Ce sont les caractéristiques de tous ceux qui veulent réussir. Pour un scientifique, ces caractéristiques des personnes à succès (se réveiller tôt, travailler beaucoup et souvent plus que les autres, être organisé et être discipliné) doivent être couplées aux vertus épistémiques. Ces vertus ne sont qu'un ensemble d'atouts intellectuels essentiels pour faire la Science. En général, les vertus épistémiques sont: la curiosité, la persévérance, l'honnêteté intellectuelle, l'attention soutenue, le courage intellectuel, l'esprit ouvert, le sens critique et la modestie.

Parler des vertus épistémique nous propulse en arrière et directement dans le domaine de l'éthique que nous avions abordé dans le chapitre trois de ce livre. Le mot vertu lui-même est un concept essentiellement éthique. Vertu (du latin virtus) c'est un trait ou une qualité qui est crue être moralement bonne. La vertu est, ainsi, appréciée pour servir de fondation des principes et de la vie moralement bonne. Ici, nous parlons des vertus épistémiques. Ces vertus épistémiques sont les caractéristiques individuelles qui promeuvent l'excellence dans la recherche scientifique tant au niveau collectif qu'individuel. Clairement, il est dans l'intention de ce chapitre de revenir sur chacune des vertus énumérées au paragraphe précédent mais sans toutefois entrer en détails sur chacune d'entre elles. Mais il est opportun de le commencer en parlant de la modestie dans la science car elle est une vertu fondamentale. En effet, seule la modestie donne la possibilité de parler de la science. Et, on peut trouver une pluralité des sources sur lesquelles appuyer pourquoi la modestie est si importante dans la recherche scientifique. Cependant, il convient ici de noter que ces sources s'étalent entre deux extrêmes: d'un côté, ce qui serait accommodable d'appeler la source rationnelle et, de l'autre, la source chrétienne. Les autres sources ne seraient que des variantes mélangées, à des divers degrés, de ces extrémités. La source rationnelle justifiant la modestie comme vertu épistémique de base se fonde sur l'imperfection de la personne humaine et de son cerveau. En effet, la personne humaine, peu importe sa capacité cérébrale, est limitée dans ce qu'elle peut appréhender physiquement et mentalement. Il restera, malheureusement, toujours à la personne humaine quelque chose qu'elle ne connaitre jamais. Ce que nous connaissons en tant qu'individu est toujours moindre que ce que connait l'humanité globalement. La marge des connaissances tenues collectivement en tant qu'humains et les connaissances que nous tenons individuellement est tellement abyssale qu'il serait très idiot d'essayer de la quantifier. C'est l'immensité de la connaissance globale qui réduit la grandeur des connaissances individuelles. Cette immensité ne peut que rendre modeste en ce que la modestie nous rappelle toujours la fameuse phrase de Maurois (1961) qu'aucun élève, aucun étudiant, si brillant soit-il, ne peut refaire seul ce que l'humanité a mis des millénaires à enfanter. En plus, la marge entre ce que l'humanité connait et ce qui reste à connaitre reste incommensurablement grande que le savoir individuel est encore plus lilliputien que jamais. Aussi, ce n'est pas seulement que cette marge est largement infinie mais elle est immanente à la nature même de l'univers dans lequel notre vie est plongée. Bref, la modestie est vertu épistémique par le fait qu'elle nous aide à nous rappeler, en tout temps et tout lieu, ce que René Descartes disait: 'homme une chose imparfaite qui tend sans cesse à quelque chose de meilleur et de plus grand qu'elle-même.' C'est quand on a cette disposition d'esprit, celle de reconnaitre qu'on est imparfait et que l'on ne saura jamais atteindre la félicité dans les connaissances que d'autres vertus viennent. C'est ce qu'Engel (2016) nomme les limites de la connaissance et le problème de savoir si l'on peut connaître les choses telles qu'elles sont en soi, indépendamment de nos représentations.

La source chrétienne se fonde sur ce que Ferry et Capelier (2014) appellent 's'accorder à l'ordre divin du monde'. Comme nous l'avions vu au chapitre 2, la science c'est un processus infini de renouvellement de la théorie en partant des théories existantes qu'il faut sans cesse améliorer. Mais nous n'avions pas dit ce que la théorie disait elle-même. C'est cela que Ferry et Capelier (2014) expliquent, effectivement, en offrant cette simple et belle alternative signification étymologique du mot 'théorie'. Théoriser, c'est contempler le divin. On le voit pas assez, comme s'en est souvent le cas: *Théo,* la racine de laquelle vient le mot théorie signifie effectivement 'divin'. Ainsi, par le fait que la science invite ses pratiquants à contempler sans cesse, par la connaissance, la divine perfection du cosmos, elle force l'homme à tenir le rôle qui lui est dévolu en restant à notre place et en cultivant les talents qui nous sont propres. Ainsi, pour Ferry et Capelier (2014), la plus grande faute que ceux qui font la science peuvent commettre c'est *hybris*. L'*hybris* pour Ferry et Capelier (2014), c'est la démesure ou l'orgueil débridé qui fait que l'on puisse se prendre pour plus que ce que l'on est réellement. Et le fait de se proclamer plus que ce que l'on est réellement fait sortir l'homme de sa place et rompt, ainsi, l'harmonie divine du cosmos. Donc, le rapport au divin, comme celui d'avec l'immensité des connaissances extérieures à chaque être humain pris individuellement, dicte la modestie comme vertu dans la science.

Pour finir avec la modestie dans la science, comme une vertu fondamentale de la possibilité de parler de la science, il convient de dire que les deux sources de justifications éthiques que nous venons de voir peuvent être jointes à un certain niveau. Ceci par le fait que souvent les vrais scientifiques se trouvent devant des situations où ils se pensent tellement moindre et se trouvent assez éblouis par les merveilleux arrangements naturels qu'ils finissent par croire en quelque chose de plus grande que la nature humaine. Cependant, on doit avouer que de telles occasions sont rares et ne s'offrent que quand les scientifiques explorent les dimensions autres que celles auxquelles nos sens nous ont habitués. Que cela soit les dimensions plus grandes que la terre, comme dans le cas d'exploration spatiale, ou que cela soit dans les dimensions les plus petites que les dimensions ordinaires, comme dans l'exploration micro-atomique. On peut penser ici, à titre d'exemple pour les macro-dimensions, de la théorie de Gaia de James Lovelock. Pour James Lovelock, il a fallu les connaissances spatiales pour comprendre l'unicité et de la vie sur terre. Ainsi, James Lovelock (2000) peut s'exprimer en ces termes : 'Il n'y a rien de nouveau de concevoir la vie sur terre comme une interaction entre l'air, l'océan et les rochers mais il a fallu attendre une vue en dehors de la terre pour capturer la possibilité que cette combinaison consisterait en un unique et géant système, le seul ayant la capacité de maintenir la terre toujours dans une condition la plus favorable pour que la vie y continue à fleurir.' On peut aussi citer, encore une fois de plus, Ferry et Capelier (2014) qui nous informent que Louis Pasteur pensait que faire *'un peu de science éloignait de Dieu tandis qu'en faire beaucoup y ramènerait.'* Ainsi, peu importe que l'on vienne de l'angle de la pure raison ou celui de la foi, la modestie est mère des vertus épistémiques.

C'est, notamment, le cas de l'ouverture d'esprit et le sens critique qui ne peuvent s'offrir qu'à ceux et celles qui se reconnaissent limités dans ce qu'ils connaissent et ce qu'ils peuvent réellement connaitre. Avoir un esprit ouvert c'est le fait de pouvoir se départir, si nécessaire, de ses convictions personnelles. Entendu comme tel, on serait justifié de dire qu'un esprit ouvert est quasi-iconoclaste mais à l'intérieur. Ceci veut dire tout simplement que l'esprit ouvert reconnait qu'il a des structures monarchiques internes qui font qu'il est parfois trop difficile à quelqu'un de voir et comprendre les nouveautés qui s'offrent à nous dans plusieurs circonstances. Mais on doit aussi dire, et tout de suite, que par esprit ouvert, on ne veut pas comprendre qu'il soit bon de tout prendre pour bon scientifiquement parlant. C'est plutôt le fait d'avoir la capacité d'écoute et d'observations afin de chercher à comprendre ce que disent les autres. En effet, l'esprit ouvert n'est pas un esprit sans fondations scientifiques solides si non on se laisserait prendre par tout charlatan scientifique. Il ne faut pas se faire d'illusions, des charlatans scientifiques existent et sont plus nombreux que l'on n'en fait pas souvent échos. L'esprit ouvert est plutôt cet esprit assez bien rodé et assez bien dosé qui ne fait qu'un seul corps avec l'esprit critique. C'est le rejet catégorique des dogmes, y compris les structures monarchiques internes à soi-même.

L'association entre l'esprit ouvert et le sens critique offre une trop belle occasion pour revenir sur ce qui est dit au-dessus sur la notion de l'égalité des résultats scientifiques avec le savoir publié. Dans l'exposé fait au chapitre premier, la notion de publication des résultats de recherche fut sérieusement pondérée par le processus de revue des pairs. En effet, le passage par ce processus de revue par des pairs donne une caution morale que le savoir ainsi paru a subi le feu de la critique de ceux qui ont la capacité de compréhension du sujet de recherche et peuvent en donner un avis informé. Sans ce passage, ce que l'on croit avoir comme savoir reste du domaine des affirmations personnelles. Adjoindre l'esprit critique à l'esprit ouvert fait que, tout en laissant la porte ouverte à la nouveauté et au renouvellement des connaissances, que le scientifique puisse veiller à ce que tout ce qu'il avalerait scientifiquement ne soient des couleuvres faites des demi-savoirs, des affirmations personnelles ou tout simplement les contre-vérités. Soit dit en passant que cet esprit critique vaut plus qu'un pesant d'or surtout en ce moment où l'Internet publie tout et n'importe quoi sur tout. Il vaut aussi son poids pendant ce moment où la ruée vers les publications payées et ouvertes au public se fait avec trop peu d'égards vis-à-vis des procédures comme la revue des pairs qui font de la rigueur un attribut essentiel de la science. Il n'est pas, du tout, question de jeter de l'opprobre sur toutes les publications ouvertes au public car il en est de celles qui sont de très haute fracture. Loin aussi est l'idée de dire que toutes les publications payées ne subissent pas la rigueur de la revue par les pairs; il existe de journaux mondialement reconnus qui font payer les publications pour continuer à survivre. Aussi, l'Internet, on l'a vu, explose le monachisme scientifique en connectant plusieurs scientifiques sans trop de peine tout comme il a aussi libéralisé l'accès à une large part de production scientifique mondiale. En tant que tel, l'Internet est un outil formidable de distribution du savoir. Mais l'Internet est aussi un fourre-tout; tout le monde peut y distribuer du n'importe quoi au point que l'on peut parler des poubelles des publications. En effet, si tout ce qui est scientifique doit être écrit tout ce qui est écrit n'est nécessairement pas scientifique. Il faut de l'esprit critique pour ne pas tout prendre et souiller sa propre cervelle pour rien. Les nouveaux modes de communication comme blogs, même s'ils sont tenus par les experts dans quelque domaine que ce soit, ne sont pas les publications scientifiques. Les blogs peuvent donner un lieu d'échange avec les connaisseurs mais ne constituent pas les canaux appropriés de la distribution du savoir. Cela vaut la peine, d'aborder avec un esprit critique assez aiguisé, l'existence des écrits pour ne pas s'embrouiller. Toute la discussion sur l'Internet, les publications poubelles, la revue des pairs comme fondement de la publication scientifique n'est que pour illustrer de manière factuelle la justification éthique de l'esprit critique: éviter de nourrir l'esprit humain par les camelotes. L'esprit, d'après les traditions et sans l'opposer au corps, c'est la seconde partie de l'être humain. Vu de cette manière, l'esprit constitue tout ce que nous avons d'immatériel dont notamment l'ensemble de nos capacités intellectuelles. Autant nous avons le devoir de nourrir notre corps physique autant le devoir nous revient de nourrir notre esprit aussi. Personne ne veut consciemment se nourrir d'une nourriture malsaine ou pourrie. Ainsi, comme on refuse de manger une nourriture qui rendrait notre corps physique malade, on doit aussi refuser la même mauvaise nourriture pour notre esprit. On doit avoir, comme le dit une vieille maxime, un esprit sain dans un corps sain. L'esprit critique nous aide à assurer cette exigence éthique de ne pas souiller nos esprits par n'importe quelle consommation intellectuelle. Tout ce qui est écrit n'est pas nécessairement vrai et moins encore scientifique. Robert J. Oppenheimer, ce physicien Américain chargé du projet Manhattan qui a mis au monde la bombe atomique, disait déjà que la majorité du savoir produit était inutile.

Tout ce qui est écrit n'est pas nécessairement scientifique? Reconnaitre ceci est déjà de l'honnêteté intellectuelle. Elle est la mesure de la distance entre les faits et ce qui en est rapporté. L'honnêteté intellectuelle est, donc, la vertu épistémique qui nous sert à garder la sacralité des faits comme exigence éthique. En effet, la plus petite distance entre les faits et les rapports que les scientifiques en font, le plus honnêtes sont les savoirs produits. Au point où cette distance est nulle, on parle de la totale neutralité des scientifiques par rapport aux faits. Nonobstant les réserves soulevées ci-haut, dans l'ensemble et en principes, les scientifiques travaillent dans la neutralité dans la mesure du possible. Mais cela n'exclut pas l'expression de différents paradigmes et différentes perspectives. L'expression de ces différences est plus prononcée dans les sciences dites humaines et sociales. Parfois la confrontation entre perspectives que chacune des branches de ces sciences humaines et sociales a sur les mêmes faits parait philosophiquement incommensurable. Etre honnête intellectuellement dans ces conditions ne veut pas dire essayer de réduire les distances entre les perspectives mais seulement admettre l'existence de ces différentes perspectives. Le faire est même salutaire pour la survie de la science. Etre honnête intellectuellement c'est plutôt dire, avec moins de nuances intéressées, les faits comme elles se présentent dans les perspectives de son domaine d'expertise et dans la profondeur des connaissances disponibles. Etre honnête intellectuellement, c'est réduire, au maximum possible, les effets infusés en nous par nos conditionnements socioculturels. Ceci n'est pas une ignorance du fait que tout chercheur [...], comme l'affirmait l'Anthropologue Américain Colin Turnbull (1973), amène sur la table du travail l'entièreté de sa personnalité de laquelle il ne peut jamais divorcer totalement. Humain, on l'est et on le restera: nous aurons toujours un souhait de voir ceci en lieu et place de cela. L'honnêteté intellectuelle c'est tout simplement reporter ceci que nous avions observé plutôt que cela que nous aurions aimé observé. C'est facile à dire. Même s'il est facile à faire pour les chercheurs qui travaillent avec les molécules, les oscilloscopes, et les télescopes, les faits sont difficiles pour ceux et celles pour qui l'objet du travail est l'homme et sa société.

Le courage intellectuel, comme vertu épistémique, est le relai de la science avec la société. Comment communiquer les résultats d'une étude lorsqu'on a sur soi des pressions multiples venant de toutes les parts? Comment peut-on dire à son maître que ses travaux avaient des erreurs, par exemple? Comment parler des avancées dans la reproduction humaine assistée alors que les confessions religieuses de tout bord en interdisent la diffusion? C'est en réponse à de telles questions que le courage intellectuel est nécessaire. Entendu ainsi, le courage intellectuel c'est le fait de traduire pour tout le monde les résultats scientifiquement honnêtes dans une société qui attend des scientifiques les avis qui devraient guider les actions des citoyens. Avoir le courage intellectuel, en somme, c'est ne pas craindre de dire la vérité devant les pressions politiques, sociales, culturelles, et autres. De là à dire que le courage intellectuel c'est ce qui permet aux scientifiques de s'assumer et d'assumer les résultats de leurs recherches, l'écart s'affaiblit et on peut y voir le prélude à la notion de la responsabilité sociale des scientifiques. De l'autre côté, le courage intellectuel c'est aussi le fait de dire à haute voix et sans devoir les cacher, les limites de sa recherche. Dans les traditions scientifiques des pays latins, dire à haute voix les imperfections de son travail fait partie de l'honnêteté intellectuelle.

De cette manière, on pourrait confondre facilement l'honnêteté intellectuelle, comme vertu épistémique avec le courage intellectuel. Les deux vont, certainement, de pair mais l'honnêteté intellectuelle n'est pas le courage intellectuel. Si l'honnêteté intellectuelle ne transige pas avec la vérité, le courage intellectuel ne transige pas avec la pression sociale, culturelle et politique inhérentes au métier de la science. Tout comme l'honnêteté intellectuelle, le courage intellectuel est facile pour ceux qui travaillent avec les molécules, les oscilloscopes, et les télescopes mais il devient plus complexe pour le travail qui autorise d'amples bandes d'interprétation personnelle des faits. En fait, dans les domaines de recherche en sciences sociales ou humaines, la notion de perspective, comme nous l'avons vue au premier chapitre de ce livre, devient plus importante et la possibilité de tordre la réalité constitue le risque le plus important vis-à-vis de la vertu du courage intellectuel. Dans un monde où les vérités côtoient les contre-vérités, dans un monde où les groupes de pression pullulent partout et dans celui où l'information se vend à coup des millions d'argent, demander du courage intellectuel c'est parler d'une mission quasi prophétique des scientifiques. Les dangers qui guettent les scientifiques sont tellement illimités que beaucoup risquent de rester dans les tours d'ivoires et maquiller les faits par un langage outrageusement sibyllin et onéreusement contourné pour ne pas subir les frasques politiques et sociaux. Cela est d'autant plus vrai que nous vivons un temps du retour aux multiples formes de syncrétismes nationalistes, religieux et exotériques. Il faut du courage intellectuel pour faire accéder les multiples sociétés aux vastes possibilités que la science et la technologie offrent pour leur progrès et le bien être, comme l'appelait de tous ses vœux et depuis longtemps Amadou Mahtar M'bow (1985).

L'attention soutenue est aussi une vertu épistémique importante pour faire une bonne science. L'attention soutenue n'est pas le fait de rester tout le temps collé à son ordinateur ou son laboratoire. Au contraire, elle requiert un effort conscient dirigé vers l'objet de la recherche. C'est elle qui fait que l'on soutienne cet isolement prolongé au laboratoire que nous avions évoqué parmi les caractéristiques du métier de la science car c'est une sorte de volonté de toujours mieux faire. En tant tel, l'attention soutenue ne serait qu'une résultante de cette insatiable envie de s'améliorer et de faire toujours quelque chose de bon, de bien et toujours meilleur à chaque nouvelle itération. L'attention soutenue, en pratique, s'exprime dans le balayage dans les détails. Même si, souvent, les résultats présentés sont de grandes lignes de la recherche, tout bon scientifique est toujours conscient du vieil adage selon lequel le diable se trouve souvent dans les détails. Cette conscience du détail, à son tour, s'étale à travers un recours constant vers le passé connu dans son domaine de recherche. C'est là que la boucle se boucle: l'attention soutenue veut que l'on soit toujours conscient que rien de vraiment nouveau ne nait sous le soleil et que tout ce que nous faisons fut, un jour ou un autre dans le passé, l'objet d'une recherche quelconque. Encore une fois, comme le disait Maurois (1961), toute réflexion solide est, avant tout, réflexion sur la pensée des grands auteurs [du passé].

Décrire et fonder ces vertus épistémiques comme nous venons de le voir ne devrait pas se terminer sans dire un mot sur la valeur de la science comme entreprise humaine. Il est, certes, vrai que pour la majorité des citoyens du monde, la science est un outil au service de l'humanité. C'est grâce à elle que les humains vont s'arracher des difficultés inhérentes à la nature à laquelle ils font partie. Certes, la science a de la valeur utilitaire trop importante pour qu'elle soit ignorée. Cette valeur utilitaire se prouve dans le fait que la technologie, fille de la science, a considérablement allongé l'espérance de vie générale de masses entières. La même technologie a considérablement réduit les distances entre les extrémités de la terre. L'Internet donne même la semblance de réduire ces distances à zéro. On peut donner une long chapelait des bienfaits de la science pour soutenir sa valeur utilitaire. Mais l'extase dont parlent les grands scientifiques comme Richard Feynman, Edward Osborne Wilson, Cheik Anta Diop, etc. n'est pas seulement due aux biens matériels que l'on attend de la science. La science et le savoir auquel elle amène ont des valeurs intrinsèques qui dépassent largement les confins de nos besoins matériels. Le mot extase est usité à dessein pour illustrer cette forme d'emportement spirituel qui prend les vrais scientifiques quand ils découvrent une part de vérité dans ce qu'ils cherchent. C'est de la valeur pure, cette beauté intérieure à la science devant laquelle on se trouverait quand on y est profondément plongé.

Une de ces productions profondément extatiques de la science c'est son évolution plus ou moins récente vers l'écologie, cette science des relations entre différentes composantes de la nature. Elle est basée sur la découverte par les scientifiques que pour que la vie soit soutenable sur cette planète il faut de la diversité. La diversité de la vie est, donc, ce qui soutient la vie sur terre. Ainsi, pour que la vie des hommes puisse perdurer, il faut que celle des autres composantes de la biodiversité soit aussi soutenue et promue par les hommes. Quelle belle découverte! Ce n'est pas une découverte comme celle de Michael Faraday en électromagnétisme où on découvre une loi ou même plus d'une loi. La grande avancée de la nature humaine au cours de cent dernières années est ce saut qualitatif vers la connaissance globale des relations entre toutes les composantes de la nature. C'est l'écologie. Ce type des sauts n'arrive que rarement dans l'histoire de l'humanité et il faut avoir des femmes et hommes aux vertus épistémiques abondantes et assurées pour y arriver.

Le mot écologie vient, pour répéter ce qui est déjà connu, de l'assemblage de des particules grecques Oikos et Logos. Oikos, de la même racine que l'économie et veut dire maison. Maison peut être comprise de manière générale comme habitat ou simplement milieu. Par *logos*, on revoit le retour incessant de la raison (ou science) dans ce qui concerne la connaissance. Quand le biologiste allemand Ernst Haeckel introduisit le concept Ecologie en 1866, il ne se rendait certainement pas compte de l'ampleur de la nouvelle connaissance qui en serait issue. Dans un sens plus restreint, l'écologie se voulait comme une science des liens entre espèces et leurs habitats. C'est ainsi qu'au départ, lorsqu'on parlait de l'écologie, on avait vite l'idée des zoologistes en train d'étudier les animaux en forêt. Toutefois, dans un sens plus général, l'écologie apparaît comme la science de l'habitat (milieu) et de ceux qui y résident. Par extension, l'habitat dans l'écologie moderne est la planète terre. L'habitat est fait des structures physiques et chimiques qui offrent un support aux structures biologiques desquelles nous faisons partie. Et ceux qui y résident sont des personnes humaines, les plantes et les animaux tant visibles à l'œil nu qu'à travers les microscopes. L'écologie, c'est la science des relations entre toutes ces composantes et leurs fonctions respectives. C'est une connaissance globale et profonde dont on a besoin pour assurer la survie de la planète, pour assurer un avenir sans cesse meilleur de l'humanité. L'écologie en tant que champ de conquête scientifique étudie les conditions d'existence des êtres vivants dans leurs logis respectifs et les interactions de toute nature non seulement entre ces êtres vivants et leurs milieux mais aussi entre les différentes entités vivantes entre elles et les différents milieux entre eux. Dans sa compréhension comme champ de recherche, l'écologie est une science intégrative par excellence car elle se trouve à l'intersection de plusieurs sciences naturelles, sociales et humaines. Elle nécessite de bonnes connaissances de base dans toutes les disciplines fondamentales que sont les sciences naturelles (physique, chimie et biochimie et mathématiques) et les sciences humaines (anthropologie, sociologie et même la philosophie). Science globalement systémique, l'écologie ne traite pas ses objets de recherche en entités isolées mais elle intègre plusieurs dimensions en partant du plus petit au plus grand; des micro-organismes aux écosystèmes et paysages. La reconnaissance de cette réalité d'interrelation entre tout est à la base de la modestie qui s'impose à l'être humain; pas seulement aux scientifiques, comme nous l'avions vu ci-haut.

Les trois changements de Callicott (1997) nous disent que: «l'écologie change nos valeurs en même temps qu'elle change nos concepts du monde et de nous-mêmes en relation au monde. Elle révèle des relations nouvelles entre les objets, qui une fois révélées, réveillent le cœur originel de nos sentiments moraux». Ainsi, l'émergence de l'écologie comme nouvelle forme de connaissances globales est une avancée collective de la connaissance que les humains ont de la nature et, de cette manière, constitue un saut majeur de toute l'humanité vers un savoir de plus en plus global et des plus profonds qui puissent exister. Les vertus épistémiques que ce savoir profond demande exige de l'humanité une remise en question de toute la pratique singulière de la science. La science devient, ainsi, désormais un effort de mise en commun des savoirs et des perspectives jadis éparpillés. Elle (la science) devient aussi accessible à tout homme et peut s'enraciner dans la conscience de la personne humaine. Il est, de ce point de vue, fort heureux de constater que les arguments philosophiques suffisamment avancés, comme la notion de générosité intergénérationnelle, deviennent l'objet des débats sociaux et politiques les plus courants. C'est avancée majeure que de voir ces arguments philosophiques suffisamment avancés et ces notions profondes, autrefois limités aux cercles restreints des érudits, appropriés par le plus grand nombre. On peut observer, par exemple et certainement encore à des stades embryonnaires, les communautés comprendre et faire échos des interactions entre les activités humaines et les changements climatiques. Ainsi le cycle de CO_2, une notion de la géophysique la plus avancée est maintenant une appropriation des toutes les communautés et de toutes les couches de ces sociétés. Il a fallu attendre des millénaires et des efforts colossaux pour en arriver là... Mais c'est comme cela que devrait se faire la science: par petites enjambées et par les efforts collectifs.

Références

Balibar, M. (2017). **Dialectique. In** *Encyclopædia Universalis* Disponible à la page web: http://www.universalis.fr/encyclopedie/dialectique/ accédée : le 17 avril 2017.

Callicott J.B. (1997). Conservation Values and Ethics. In Meffe G.K and Carroll C. R. (Editors): Principles of Conservation Biology. 2nd Edition. Sinauer Associates: 24–49.

Currey, M. (2013). Daily Rituals: How Great Minds Make Time, Find Inspiration, and Get to Work. Picador - Main Market Edition.

Dasgupta, P. (2007). Economics : A very short introduction. Oxford University Press.

De Beauvoir, S. (1966). Les belles images. Editions Gallimard.

De Chardin, T. (1981). Le phénomène humain. Seuil. Le texte est repris par De Meeus, C. (Editeur). Anthologie 6eme. CEEC, Kinshasa.

Dworkin, R. (1993). Life's dominion – An argument about abortion and euthanasia. Harper Collins Publishers.

Engel, P. (2016). Métaphysique de la connaissance. In Chevalier, J.M. et Gaultier, B. (Editeurs). La connaissance et ses raisons. Collège de France.

Feynman, R.P. (1980). La Nature de la Physique. Editions du Seuil.

Feynman, R.P. (2005). The Pleasure of Finding Things out: The Best Short Works of Richard P. Feynman. Edited by Robbins, J. Helix Books.

Feyerabend, P. (1988). Contre la méthode, Esquisse d'une théorie anarchiste de la connaissance. Editions Seuil.

Galileo, G. (1638). Dialogues Concerning two new Sciences. Traduit en Anglais par Crew H. et De Salvio A (1954). Dover New York.

Gladwell, M. (2009). Outliers: The Story of Success by. Penguin

Jean Paul II (1981). Laborem Exercens. Lettre encyclique sur le travail humain. Saint Paul Afrique, Kinshasa.

Kalatbari, A. (2015). Une éclipse a apporté la première preuve de la relativité générale. Science et Avenir. Disponible à la page web: https://www.sciencesetavenir.fr/espace/une-eclipse-a-apporte-la-premiere-preuve-de-la-relativite-generale_34533 Accédée le 12 Avril 2017.

Lovelock, J. (2000). Gaia: A New Look at Life on Earth. OUP Oxford - New Edition.

Maurois, A. (1961). La bibliothèque publique et sa mission. Organisation des Nations Unies pour l'Education, la Science et la Culture (UNESCO).

M'bow, A.M. (1985). Préface de Science and technology in the World Development. By Robin, C. Oxford University Press.

Medawar, P.P. (1979). Advice to a young scientist. Basic Books – A Member of Perseus Books Group.

Meadows, D. (2008). Thinking in Systems – A primer. Earthscan

Mons, A. (2004). Questions à Anne Cauquelin et François Laplantine. *Méditation et Information* -

Revue internationale de communication 24 : 5 – 30.

Paul VI (1967). Populorum progressio. Lettre encyclique sur le développement des peuples. Saint Paul Afrique. Kinshasa.

Popper, K. (1973). *La Logique de la découverte scientifique.* Payot. Traduit en Français par Thyssen-Rutten, N. et Devaux, P.

Siggen, M. (2005). L'expérience chez Aristote: aux confins des connaissances sensible et intellectuelle en perspective aristotélicienne. Lang.

Smith, L.M. (2012). Decolonizing methodologies: Research and indigenous peoples. Second Edition. Z Books, Ltd.

Turnbull, C.M. (1973): Africa and change, Alfred A. Knopf.

Virard, M. (2009). Nuit de la Philo – L'humanisme moderne. Association Humaniste du Québec. La Voix des humanistes athées et agnostiques.

Wrangham, R. (2010). Catching Fire: How Cooking Made Us Human. Profile Books

Wilson, E.O. (1998). Consilience – the unity of knowledge. Vintage Books – A division of Random House.

Bila-Isia W. Inogwabini a un PhD en Gestion de la Biodiversité et une Maîtrise en Biologie de la Conservation de l'Université de Kent à Canterbury (Royaume Uni); il a une Maîtrise en Etudes Approfondies en Philosophie, option Ethique Professionnelle Appliqué de l'Université de Leeds (Royaume Uni) et un diplôme universitaire en Physique et Technologie de l'Institut Pédagogique National, Kinshasa (République Démocratique du Congo). Outre ces formations académiques classiques, il est détenteur des certificats techniques de formation en Leadership Environnemental (Université de Californie à Berkeley, Etats Unis d'Amérique), Recherche Avancée (Institut International de Recherche Avancée de l'université Brown (Providence, Etats Unis d'Amérique), Outils Economiques pour la Conservation de la Biodiversité (Institut Woods, Université de Sanford, Etats Unis d'Amérique) et en Leadership Capital (Ecole d'Affaire Booth de l'Université de Chicago, Etats Unis d'Amérique). Académiquement, il est en charge de la direction scientifique du Centre pour la Recherche et la Communication en Développement Durable (CERED) de la Faculté des Sciences Agrovétérinaires de l'Université Loyola du Congo, une institution Jésuite lesquelles responsabilités académiques qu'il combine avec son statut de Visiteur académique à l'Université Suédoise des Sciences Agricoles à Uppsala. Il a publié plus de 100 articles dans les journaux à revue des pairs et chapitres des livres. Il est enseignant de l'écologie, la climatologie et les changements climatiques, méthodes quantitatives. Il est un citoyen de la République Démocratique du Congo, marié à Madame Wivine Mabaga et père de trois enfants (Gracia Inogwabini, Galilée Inogwabini et Golden Inogwabini). Comme son profil académique, ses intérêts scientifiques sont multiples et variés.

Kolibri 360 GmbH
Ferdinand-Jühlke-Straße 7
99095 Erfurt, Deutschland
produktsicherheit@kolibri360.de

Druck:
CPI Druckdienstleistungen GmbH
im Auftrag der
Kolibri 360 GmbH
Ferdinand-Jühlke-Str. 7
99095 Erfurt